公益性行业（农业）科研专项"作物孢囊线虫综合治理技术方案"（201503114）、国家高技术研究发展计划（863 计划）"作物健康生长农艺调控技术"（2013AA102903）成果

作物孢囊线虫生物学

吴海燕/编著

科学出版社

北京

内 容 简 介

本书主要介绍孢囊线虫的基本知识，包括线虫形态学和分子生物学鉴定方法、生物学特性、生态学，以及孢囊线虫病害的诊断识别、危害、症状、分布和传播，为有效控制病害，以及制定和实施植物检疫规定提供必要的信息。

本书适合从事植物寄生线虫研究的科研人员使用，也可供高校农业、林业等领域有关专业的师生和线虫学爱好者参阅。

图书在版编目(CIP)数据

作物孢囊线虫生物学/吴海燕编著. —北京：科学出版社，2018.10
ISBN 978-7-03-058960-6

I. ①作… II. ①吴… III. ①作物－线虫－生物学 IV. ①S435

中国版本图书馆 CIP 数据核字（2018）第 224285 号

责任编辑：郭勇斌 彭婧煜 / 责任校对：李 影
责任印制：张 伟 / 封面设计：涿州市锦晖计算机科技有限公司

科学出版社 出版
北京东黄城根北街 16 号
邮政编码：100717
http://www.sciencep.com

北京中石油彩色印刷有限责任公司 印刷
科学出版社发行 各地新华书店经销
*

2018 年 10 月第 一 版　开本：720×1000　1/16
2018 年 10 月第一次印刷　印张：10 1/4　插页：4
字数：160 000
定价：75.00 元
（如有印装质量问题，我社负责调换）

前　言

孢囊线虫是植物寄生线虫的主要群体，1951 年 Franklin 出版著作 *The Cyst-forming Species of Heterodera* 时，孢囊线虫已经是影响粮食生产的主要问题，引起主要作物，如马铃薯、小麦、芸薹属植物、番茄和甜菜等的产量损失。孢囊线虫属（*Heterodera*）当时记载有 12 个种，到 1998 年 Sharma 出版 *The Cyst Nematodes* 时，在 *Heterodera* 属下已有 67 个有效种（Sharma，1998）。具有经济重要性的孢囊线虫种类大多隶属于孢囊线虫属（*Heterodera*）和球形孢囊线虫属（*Globodera*）（Perry & Moens，2005）。

孢囊线虫由于有孢囊皮保护内部的卵，在没有寄主的情况下可以在土壤中存活多年且仍具有侵染能力，给防治带来极大的难度。了解孢囊线虫的基本知识，包括其形态学和分子生物学鉴定方法、生物学特性、生态学以及孢囊线虫病害的诊断识别、危害、症状、分布和传播等，能为有效控制病害，以及制定和实施植物检疫规定提供必要的信息。目前，已有关于植物病原线虫、植物检疫线虫，以及线虫病害防治等方面的书籍。然而，缺少针对线虫初学者了解孢囊线虫的资料，尤其是对本科生、研究生，以及工作在基层的植保技术人员等，本书适合有线虫学基本知识且有兴趣深入了解和研究孢囊线虫的形态学和生物学特点的线虫学爱好者阅读。本书各部分内容均有相关文献列出，方便读者对感兴趣的内容进行深度阅读。

近年来，线虫学工作者对全国各地区孢囊线虫的分布、种类鉴定、品种抗性鉴定、产量损失测定等进行了系统的研究，并在多地发现和报道了孢囊线虫病的发生。因不同地区生态环境、生物因素和耕作栽培模式等的差异，即使是同一种孢囊线虫的不同群体也表现出群体的特异性，比如燕麦孢囊线虫（*Heterodera avenae*）在河北、北京、山东和河南等地侵染小麦的规律有明显差别。在此对相关的研究进行了系统的整理。

本书在总结归纳常见作物孢囊线虫基本知识的基础上，结合课题组多年来对孢囊线虫的研究成果，介绍了常见作物孢囊线虫病害的诊断、发生规律及防治等方面的新进展。

在此非常感谢我的研究生何琼、莫爱素和丘卓秋等,他们的研究工作和资料整理使本书内容更加丰富和完善。本书引用的国内外同行的图片资料均得到作者的同意,在此向他们表示衷心感谢!

由于作者水平有限,书稿中难免有疏漏之处,敬请同行、读者批评指正。

吴海燕
2018 年 3 月 1 日

目 录

前言

第一章 孢囊线虫的田间采样及分离检测 ··· 1
    一、孢囊线虫土样采集方法 ·· 1
    二、孢囊线虫的检测方法 ·· 2
    参考文献 ·· 8

第二章 孢囊线虫鉴定方法 ·· 9
    一、形态学鉴定 ·· 9
    二、分子生物学技术在鉴定孢囊线虫上的应用 ·· 14
    参考文献 ··· 17

第三章 大豆孢囊线虫生物学 ·· 21
    一、大豆孢囊线虫形态学特征 ·· 21
    二、大豆孢囊线虫的生活史及危害 ·· 22
    三、大豆孢囊线虫生理小种和 HG Type ··· 25
    四、影响大豆孢囊线虫病发生的因素 ·· 29
    五、大豆孢囊线虫的传播 ·· 29
    六、大豆孢囊线虫的防治 ·· 29
    参考文献 ··· 32

第四章 大豆孢囊线虫在中国的生态分布及发生规律 ································· 35
    一、大豆孢囊线虫在中国不同地区的生态分布及发生规律 ························· 35
    二、大豆孢囊线虫发生的时空动态和发育进程——以山东泰安地区为例 ········· 40
    参考文献 ··· 46

第五章 禾谷孢囊线虫生物学 ·· 48
    一、禾谷孢囊线虫形态学特征 ·· 49
    二、禾谷孢囊线虫生活史 ·· 52
    三、禾谷孢囊线虫孵化特性 ··· 53
    四、禾谷孢囊线虫寄主植物 ··· 56

五、禾谷孢囊线虫种类……………………………………………………… 56
　　六、禾谷孢囊线虫的传播与危害…………………………………………… 56
　　七、禾谷孢囊线虫的致病型………………………………………………… 57
　　八、禾谷孢囊线虫致病条件及其病害控制………………………………… 58
　　参考文献………………………………………………………………………… 62

第六章　禾谷孢囊线虫在中国的生态分布及发生规律……………………67
　　一、禾谷孢囊线虫在中国不同地区的生态分布及发生规律……………… 67
　　二、禾谷孢囊线虫根内侵染及土壤中线虫变化规律——以山东泰安地区为例…… 75
　　参考文献………………………………………………………………………… 81

第七章　水稻孢囊线虫生物学……………………………………………………85
　　一、水稻孢囊线虫形态学特征……………………………………………… 86
　　二、水稻孢囊线虫生物学特性……………………………………………… 90
　　三、国内外关于水稻孢囊线虫防治方面的研究…………………………… 92
　　参考文献………………………………………………………………………… 92

第八章　玉米孢囊线虫的危害和生物学研究进展……………………………95
　　一、玉米孢囊线虫形态学特征……………………………………………… 96
　　二、玉米孢囊线虫生物学特性及发生规律………………………………… 100
　　三、玉米孢囊线虫的危害…………………………………………………… 101
　　四、玉米孢囊线虫寄主植物………………………………………………… 101
　　五、玉米孢囊线虫的防治…………………………………………………… 102
　　参考文献………………………………………………………………………… 103

第九章　甜菜孢囊线虫生物学……………………………………………………106
　　一、甜菜孢囊线虫形态学特征……………………………………………… 106
　　二、甜菜孢囊线虫为害症状………………………………………………… 108
　　三、甜菜孢囊线虫生物学特性……………………………………………… 109
　　四、甜菜孢囊线虫的危害与分布…………………………………………… 110
　　五、甜菜孢囊线虫寄主植物………………………………………………… 111
　　六、甜菜孢囊线虫传播途径………………………………………………… 114
　　七、甜菜孢囊线虫检验方法………………………………………………… 115
　　八、甜菜孢囊线虫防治方法………………………………………………… 115
　　参考文献………………………………………………………………………… 117

第十章　孢囊线虫病的防控………………………………………………………118
　　一、抗（耐）性品种利用…………………………………………………… 118

二、轮作在防控孢囊线虫上的应用 …………………………………… 120
　　三、孢囊线虫的生物防治 ……………………………………………… 125
　　四、展望 ………………………………………………………………… 129
　　参考文献 ………………………………………………………………… 129

第十一章　孢囊线虫白色孢囊和褐色孢囊的生物学比较 ……………… 133
　　一、大豆孢囊线虫 ……………………………………………………… 134
　　二、禾谷孢囊线虫 ……………………………………………………… 136
　　参考文献 ………………………………………………………………… 140

第十二章　关于孢囊线虫褐化和滞育的探讨 …………………………… 142
　　一、关于孢囊线虫褐化机制 …………………………………………… 142
　　二、孢囊线虫滞育相关的研究进展 …………………………………… 144
　　参考文献 ………………………………………………………………… 151

彩图

第一章 孢囊线虫的田间采样及分离检测

对于孢囊线虫来讲,由于孢囊可以在土壤中存活多年,土壤取样检测是行之有效的办法。孢囊线虫,在自然条件允许的情况下,可在任何时间采集。褐色孢囊用肉眼可以看到,但与土壤混在一起不易被看到。

一、孢囊线虫土样采集方法

1)用土钻或铁锹(图1-1),按照Z形取样法(图1-2),在整个地块上采集10~20个样点。线虫集中在根系附近,因此,取样点要在种植行上;

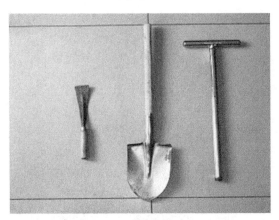

图1-1 采集土样工具

2)确保取样点来自同一土壤质地和种植历史的地块,如果同一地块包含不同作物或者土质明显不同时,要分别采样;

3)去掉2 cm表面土壤,在植物根围(如果有植物)取样深度为20~25 cm,可带植物须根;

4)将土壤放进密封塑料袋内(图1-3),充分混匀,记录采样地信息,包括地址(经纬度)、土壤类型、种植历史(如前茬作物、品种等)和使用的药剂(如杀线虫剂等);

5）置于避光阴凉处，带回实验室；

6）利用漂浮法分离土壤中孢囊，将卵从孢囊中释放，统计卵的数量，通常土壤中孢囊线虫的数量以 100 cm³ 土壤的卵数计量；

7）最好是在长有植物时进行取样，植物近成熟到收获后短时间内孢囊的数量最高。近收获时采样测定将会有足够的时间考虑下一年需要选择的品种或选择种植的作物。

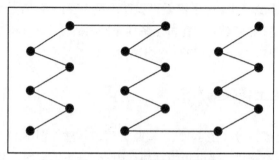

图 1-2　采用 Z 形取样法

图 1-3　采集的土样

二、孢囊线虫的检测方法

线虫是一个隐蔽的敌人，不易被发觉。以山东省燕麦孢囊线虫群体的检测为例，通过对小麦根系及土壤进行检测，以确定燕麦孢囊线虫病的发生。具体检测方法如下。

（一）病土中孢囊线虫二龄幼虫的分离检测

以土壤中燕麦孢囊线虫（*Heterodera avenae*）二龄幼虫的分离为例：将各一定量的土壤（标样量的确定根据具体情况而定，可以体积或质量度量），采用淘洗—过筛—蔗糖离心法分离线虫（刘维志，1995），具体步骤如下。

1）蔗糖溶液的配制：蔗糖 454 g，溶于 1L 水中（相对密度 1.18，质量百分数为 31.2%）；

2）称量 100 g 土样，放入容器内，注适量水；

3）充分搅动 20 s 后，静置 20~30 s；

4）上悬液经 40~325 目筛子，倾倒过程中保持筛子倾斜 35°~40° 以减少小型线虫直接穿过筛子流失的机会；

5）收集 325 目筛子上冲洗杂物和线虫的混合物至 150 ml 烧杯内；

6）将冲洗的混合物倒入离心管内，2500 r/min 离心 2 min；

7）倒掉离心管内的上清液，线虫存留于管底的残渣沉积物内；

8）注入蔗糖溶液到离心管内，2500 r/min 离心 2 min，线虫便分布于蔗糖悬液中；

9）将含有线虫的蔗糖悬液倾入 500 目筛子内收集；

10）放置 12 h，在 60℃ 水浴中加热 10 min 杀死线虫；

11）加入 2 倍 TAF 固定液保存（刘维志，1995），或用一种多功能溶液（如 DESS）保存线虫（Yoder et al.，2006），保存液无毒且可用于 DNA 提取，保存效果好。

（二）病土中孢囊的分离检测

土壤中孢囊的分离检测：将土样混合均匀，采用淘洗过筛法分离 100 ml 土样中的孢囊（刘维志，1995），立体显微镜下观察孢囊。

在某一时期（如采集新形成孢囊则为小麦开花期到成熟期之间），利用取土样工具（图 1-1），采集土样，最佳取土深度范围在 5~15 cm，装入密封塑料袋（图 1-3），记录采集地点等相关信息。将 300 cm³ 土壤放入容器中并向容器中加水，充分搅拌（图 1-4），使土块分散，线虫便悬浮在水中或泥浆中。静置约 30 s 后（图 1-5），将上清液倒入由 20 目、80 目组成的套筛上（图 1-6、图 1-7），按此方法重复淘洗三次，然后将 80 目筛网上残余物冲洗至烧杯中（图 1-8），取适量放于覆盖有擦镜纸的培养皿中，直接在显微镜下进行检查（图 1-9）。如发现有孢囊（图 1-10），则需要进一步依据孢囊阴门锥的特征进行鉴定，确定是否为燕麦孢囊线虫（*H. avenae*）。燕麦孢囊线虫（*H. avenae*）孢囊较大，阔柠檬形，无下桥构造，阴门锥突起不明显，有泡囊（参见第二章）。如孢囊破碎后可释放出内部的卵和二龄幼虫（J2）（图 1-11、图 1-12）。

图 1-4　加适量自来水淘洗

图 1-5　充分搅拌并静置 30 s

图 1-6　淘洗过筛

图 1-7　冲洗土壤颗粒

图 1-8　收集孢囊

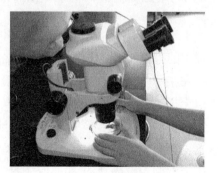

图 1-9　镜检

(a)

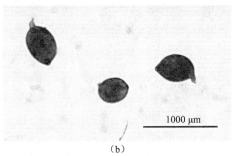

(b)

图 1-10 立体显微镜下观察到的孢囊
(a) 褐色孢囊；(b) 放大的孢囊

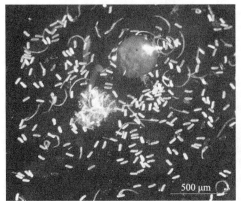

图 1-11 孢囊及破碎后释放出内部
的卵和二龄幼虫（后附彩图）

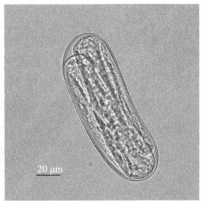

图 1-12 放大的卵的形态

（三）病苗中孢囊线虫的检测

在山东省气候条件下，2～5月份，小麦返青后，挖取小麦根系（图1-13），利用次氯酸钠-酸性品红染色法染色，在立体显微镜下观察燕麦孢囊线虫（*H. avenae*）的形态（图1-14）。

图1-13 受害小麦根染色前的漂白处理

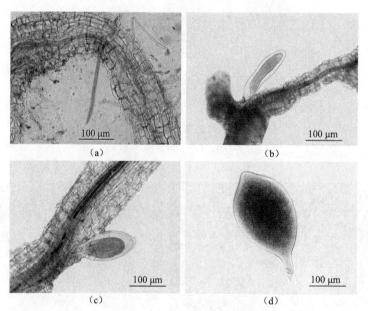

图1-14 受害小麦根染色后不同龄期的燕麦孢囊线虫（后附彩图）
(a) 二龄幼虫；(b) 三龄幼虫后期；(c) 四龄幼虫；(d) 成熟雌虫

将完整的小麦根系冲洗干净，去除多余的水分，称量小麦的鲜根重。采用次氯酸钠-酸性品红染色法染色，立体显微镜下检测根内线虫，参考刘维志（2000）的方法，稍有变化。具体染色步骤如下。

1）配制 5.25%次氯酸钠（NaClO）溶液、酸性品红储液和酸性甘油溶液；5.25%次氯酸钠溶液的配制：取 10%的次氯酸钠 525 ml，加水定容至 1000 ml。酸性品红储液的配制：取 3.5 g 酸性品红溶于 250 ml 乙酸溶液，待溶解后用蒸馏水定容至 1000 ml。酸性甘油溶液的配制：20~30 ml 纯甘油中加入 2~3 滴 5 mol/L HCl 溶液；

2）洗净病根组织，放入盛有次氯酸钠溶液的烧杯中，用玻璃棒搅拌根组织；

3）待根组织由褐色变为白色，取出根组织用自来水冲洗，然后将根组织浸泡在去离子水中，其间换水 2~3 次；

4）倒去去离子水，准备染色；

5）取 200 ml 烧杯，倒入 100 ml 去离子水，加入 2 ml 酸性品红储液；

6）加热至沸腾，将准备好的病组织放入烧杯中煮沸 30 s；

7）取出根系，流水冲洗；

8）将根组织放在 20~30 ml 酸性甘油中煮沸，使根组织褪色；

9）取出根组织放入塑料袋中，滴加甘油，放在 4℃密封保存。

在立体显微镜下观察根内二龄幼虫（J2）、三龄幼虫（J3）、四龄幼虫（J4）和成熟雌虫。

（四）病根直接检测

在 5 月中下旬，将小麦根部拔出，仔细观察根表面，发现有乳白色的小颗粒状白色雌虫和褐色孢囊（图 1-15、图 1-16）。

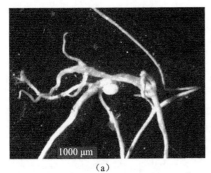 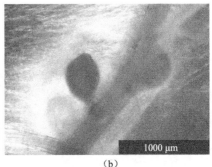

(a) (b)

图 1-15 小麦根系上的白色雌虫和褐色孢囊（后附彩图）

(a) 白色雌虫；(b) 褐色孢囊

图 1-16 脱落到土壤中的白色雌虫和褐色孢囊（后附彩图）

参 考 文 献

刘维志，1995. 植物线虫学研究技术[M]. 沈阳：辽宁科学技术出版社.

刘维志，2000. 植物病原线虫学[M]. 北京：中国农业出版社.

Bybd Jr D W，Kirkpatrick T，Barker K R，1983. An improved technique for clearing and staining tissues for detection of nematodes[J]. Journal of Nematology，15(1)：142-143.

Yoder M，de Ley I T，King I W，et al.，2006. DESS：a versatile solution for preserving morphology and extractable DNA of nematodes[J]. Nematology，8(3)：367-376.

第二章 孢囊线虫鉴定方法

一、形态学鉴定

1954年Oostenbrink和den Ouden首次提出并运用阴门锥结构，包括阴门窗、泡囊和下桥来区别孢囊线虫种。后来Cooper（1955）提出了更详细的信息，Mulvey（1957，1960）、Fenwick（1959）、Hesling（1965）和Green（1971）又增加了每个种的幼虫和雄虫的形态学特征和寄主选择性差异的信息。然而，在很多情况下，研究者获得的孢囊里只有少量或没有幼虫，因此，孢囊后部区域的阴门锥和阴门位置（图2-1、图2-2）、泡囊的有无（图2-3）、膜孔的形状（半膜孔、圆膜孔等）（图2-4、图2-5和图2-6）等特点成为孢囊线虫分类的重要特征。由于种类的鉴定工作建立在孢囊的形态和阴门锥结构特点上，促进了对孢囊线虫阴门锥结构的细致研究并建立了不同属种孢囊的检索表（Mulvey，1972）。

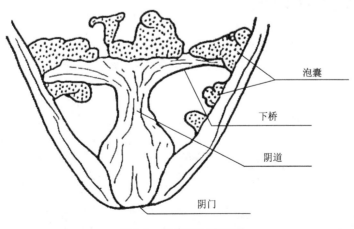

图2-1 孢囊阴门锥侧面

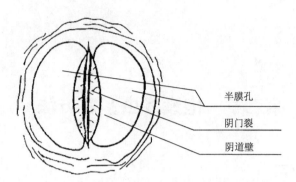

图 2-2 甜菜孢囊线虫（*Heterodera schachtii*）阴门锥形态

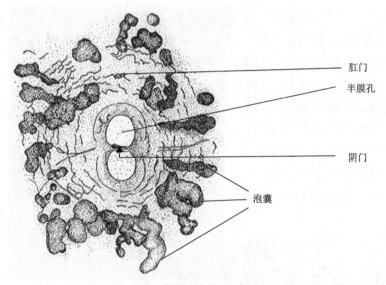

图 2-3 燕麦孢囊线虫（*Heterodera avenae*）阴门锥形态

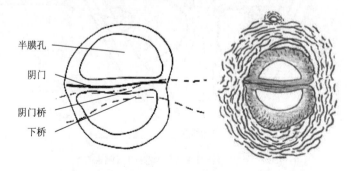

图 2-4 十字花科孢囊线虫 *Heterodera cruciferae* 阴门锥形态
（Chizhov et al., 2009）

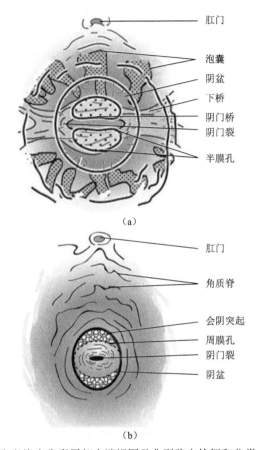

图 2-5　孢囊线虫孢囊尾部末端视图及典型鉴定特征和分类相关特点

(a) 孢囊线虫属孢囊尾部末端视图（双半膜孔型）；
(b) 球形孢囊线虫属孢囊尾部末端视图（环形膜孔型）
仿 Mulvey（1973）和 Subbotin 等（2010）

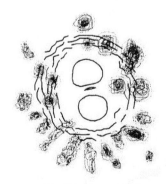

图 2-6　*Heterodera australis* 阴门锥形态（双膜孔）（Subbotin et al.，2002）

孢囊线虫的雌虫或孢囊的阴门锥形态及其相关内部结构，是孢囊线虫分类的重要依据。阴门锥玻片制作是研究孢囊线虫的必要手段。由于材料小，在制片过程中不易操作。下面介绍孢囊线虫阴门锥玻片的制作和形态识别。

（一）阴门锥玻片的制作和观察

目的：获得孢囊线虫雌虫的阴门区，用于鉴定线虫的种。

需要时间：大约 2 h。

步骤：孢囊线虫阴门锥玻片的制作方法参考刘维志（1995）、Mulvey 和 Golden（1983）。

实验前的准备：新鲜的或保存的孢囊。

1. 阴门锥玻片的制作

1）通过过筛法或直接从根上分离获得孢囊，如果孢囊较干，将分离的孢囊用无菌水浸泡 24 h。

2）用镊子把孢囊转移到载玻片或树脂玻璃上，滴一滴水，在立体显微镜下用很锋利的镊子和眼科手术刀，切去后面突出部位，修剪接近最尖的部分，切去阴门锥结构附近多余的角质，确保虫体尾部末端向上，锥部通常被镶嵌在甘油胶的孔内。

3）在立体显微镜下，用镊子和眼科手术刀切去雌虫的前部，用毛针仔细清除阴门锥内附着物，再用眼科手术刀适当修整阴门锥边缘，并使目标周围的角质尽量整齐，使阴门锥的高度不超过阴门窗区域宽度的 10～15 倍；将处理好的阴门锥依次放进 70%、95% 和 100% 乙醇中脱水 30 min；把脱水后的阴门锥转移到清洗干净的载玻片上的丁香油内透明 1 h，确保阴门锥的表皮向上。

4）盖上盖玻片，用中性树胶封片，显微镜下观察。

2. 阴门锥形态观察

1）注意观察泡囊是否存在；

2）观察阴门膜孔的大小、形状；

3）观察阴门下桥的结构；

4）测量肛门与阴门的距离，以及阴门裂长。

例如，菲利普孢囊线虫（*H. filipjevi*）的成熟孢囊表皮是金色至浅褐色（图 2-7a），而燕麦孢囊线虫（*H. avenae*）的成熟孢囊表皮是深褐色至黑褐色（图 2-7b）。透过表皮更容易看见 *H. filipjevi* 内部的卵，而且它有发育良好的阴门下桥和两个下桥臂（图 2-7a），而 *H. avenae* 没有；*H. filipjevi* 群体阴门半膜孔是马蹄形（图 2-7a），而 *H. avenae* 群体的半膜孔是椭圆形（图 2-7b）。*H. filipjevi* 群体的泡囊小到中等大小，浅到中等棕色。相比之下，*H. avenae* 群体的泡囊发育良好，数量多，且深棕色，常常阻碍对阴门膜孔结构的观察。

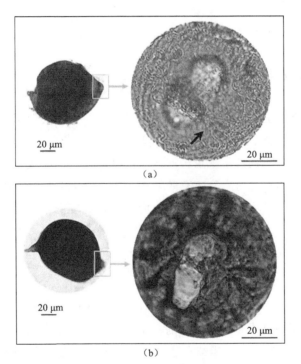

图 2-7 显微镜下观察到的 *Heterodera* spp. 孢囊阴门锥（后附彩图）
（a）*H. filipjevi*：浅褐色的孢囊，阴门锥有呈现马蹄形半膜孔和显著的阴门下桥（黑色箭头）；
（b）*H. avenae*：深褐色的孢囊，阴门锥呈现椭圆形半膜孔，无阴门下桥（Yan & Smiley, 2010）

（二）形态学鉴定指标的测量

形态学特征是描述和诊断孢囊线虫属的一个重要依据。除了形态学特征的描述外，还有一些指标的测量值和比例，都是传统描述和诊断的重要组成部分，下面列出一些相关指标的测量值或比值（Subbotin et al., 2010）。

1) a：体长/虫体直径（雄虫、二龄幼虫）或体长/体宽（孢囊、雌虫、卵）；

2) b：体长/虫体前端到食道与肠连接处的距离（雄虫、二龄幼虫）；

3) b'：体长/虫体前端到食道腺末端距离（雄虫、二龄幼虫）；

4) c：体长/尾长（雄虫、二龄幼虫）；

5) c'：尾长/肛门处虫体直径（雄虫、二龄幼虫）；

6) DGO：虫体前端到背食道腺开口的距离（雌虫、雄虫、二龄幼虫）；

7) Granek's 比值：阴门膜孔边缘到肛门的距离/膜孔长（球形孢囊线虫阴门锥）；

8) T：泄殖腔到精巢前端距离×100/虫体长（雄虫）。

二、分子生物学技术在鉴定孢囊线虫上的应用

由于植物寄生线虫种群内个体的高度差异，传统的形态学鉴定方法已经不能达到明确鉴定到种的要求，出现了与分子生物学技术相结合的手段，以达到明确鉴定植物寄生线虫种的水平。准确识别孢囊线虫种类及掌握受害地块线虫群体密度对于制定有效的控制措施至关重要。利用传统的形态学方法区分和鉴定物种费时费力，下面介绍几种应用于孢囊线虫鉴定的分子生物学方法。

（一）限制性片段长度多态性分子标记技术

限制性片段长度多态性（restriction fragment length polymorphism，RFLP）分子标记技术是应用最早的 DNA 标记技术（Botstein et al., 1980），该技术与线虫形态学鉴定相结合能区分同一个属线虫中的不同种。RFLP 分子标记技术主要基于基因型之间限制性片段长度的差异，这种差异是由限制性酶切位点上碱基的插入、缺失、重排或点突变所引起的（Subbotin et al., 1999）。目前 RFLP 分子标记技术在植物寄生线虫鉴定上应用广泛。Subbotin 等（2003）用 Alu I、Cfo I、$Hinf$ I、Ita I、Pst I、Rsa I、Taq I、Tru9 I 等限制性内切酶酶切孢囊线虫 rDNA-ITS 区，不仅指出欧洲禾谷孢囊线虫群体与中国禾谷孢囊线虫群体之间的差异，还区分了欧洲禾谷孢囊线虫种群 $H.\ pratensis$、$H.\ arenaria$、$H.\ australis$、$H.\ filipjevi$、$H.\ aucklandica$、$H.\ mani$ 和 $H.\ ustinovi$ 等。Madani 等（2004）利用聚合酶链反应-限制性片段长度多

态性（PCR-RFLP）技术，将内转录间隔区（internal transcribed spacer，ITS）的 rDNA 序列，用限制性内切酶 *Alu* I、*Ava* I、*Bsh*1236 I、*Hae* III、*Hin*6 I、*Mva* I、*Pst* I 和 *Rsa* I 酶切，对 *H. carotae*、*H. ciceri*、*H. fici*、*H. filipjevi*、*H. goettingiana*、*H. hordecalis*、*H. humuli*、*H. mediterranea*、*H. ripae* 和 *H. schachtii* 进行分类分析，结果首次从意大利的小麦上检测到 *H. filipjevi*，从希腊的荨麻上检测到 *H. ripae*。Abidou 等（2005）使用限制性内切酶 *Hae* III、*Hinf* I、*Ita* I 和 *Pst* I 对来自叙利亚和土耳其的禾谷孢囊线虫种群进行异质性分析。赵杰等（2011）利用 8 种限制性内切酶 *Ava* I（*Eco*88 I）、*Alu* I、*Hha* I（*Cfo*I）、*Hae* III（*Bsu*R I）、*Hind* III、*Hinf* I、*Rsa* I 和 *Mva* I（*Bst*N1）将陕西省的 20 个孢囊线虫群体与欧洲的"A"型群体和印度的"B"型群体区分，并证明了这 20 个孢囊线虫群体是同一个群体。卓侃等（2014）在确认广西采集到的水稻寄生线虫为旱稻孢囊线虫后用 PCR-RFLP 技术证明了在 *Bsh* 1236 I、*Bsu*R I 和 *Cfo*I 3 种限制性内切酶的酶切位点存在变异，表明旱稻孢囊线虫的 rDNA-ITS 序列存在 DNA 异质性。Yan 和 Smiley（2010）利用通用引物扩增核糖体 DNA 的内转录间隔区，用 6 个限制性内切酶（*Taq* I、*Hinf* I、*Pst* I、*Hae* III、*Rsa* I 和 *Alu* I）进行酶切分析，明确区分了禾谷孢囊线虫 *H. filipjevi* 和 *H. avenae*。

（二）随机扩增多态性DNA分子标记技术

随机扩增多态性 DNA（randomly amplified polymorphic DNA，RAPD）分子标记技术及 RAPD 转化的序列特异性扩增区（sequence-characterized amplified region，SCAR）分子标记技术在孢囊线虫的抗性品种的抗性标记（亓晓莉等，2012）、致病孢囊线虫群体的筛选标记和区分种间或种内孢囊线虫群体（Caswell-Chen et al.，1992）等方面具有自动化性能好、多态性检出率高、快速简便等优点。马俊奎等（2001）用 RAPD 技术进行筛选和鉴定山西主栽大豆品种抗大豆孢囊线虫病连锁的分子标记。Caswell-Chen 等（1992）采用 RAPD 分子标记技术将美国加利福尼亚州同一区域同一寄主上发生的 *H. cruciferae* 和 *H. schachtii* 进行了快速准确的检测与区分。郑经武等（1998）采用 RAPD 技术找到了区分我国农林上的 4 种重要植物病原线虫（*H.glycines*、*Bursaphelenchus*、*B.xylophilus*、*H.avenae*）属内、种间有价值的分子标记。随着分子标记技术在孢囊线虫鉴定筛选和抗病基因的标记等方面的应用逐渐成熟，人们希望在原有的基础上寻求更快、更准确、更稳定的方法，因此，在RAPD技术的基础上发展得到的SCAR分子标记技术被更多的植物寄生线虫科研者应用。刘佳等（2013）和徐姣等（2016）分别采用RAPD与SCAR分子标记技术对中国黄淮海地区的9个不同致病型的禾谷孢囊线虫群体进行分析标记。Peng等（2013）利用前期RAPD技术设计出可以将 H. filipjevi 和孢囊线虫属其他种进行区分且能用于SCAR分子标记技术的特异性引物，采用SCAR分子标记技术直接从土样和植物组织上检测和识别了 H. filipjevi。

（三）rDNA-ITS区序列分析

现今，rDNA-ITS区序列分析与比对，成为孢囊线虫分子生物学鉴定的普遍方法。该检测方法是前人在不同的线虫序列的基础上，设计出了鉴定不同种类线虫的特异性引物，再利用PCR及其相关技术进行序列的扩增与检测。常用的特异性引物有 TW81 (5′-GTTTCCGTAGGTGAACCTGC-3′)，AB28 (5′-ATATGCTTAAGTTCAGCGGGT-3′)（Subbotin et al.，1999）和D2A (5′-ACAAGTACCGTGAGGGAAAGTTG-3′)，D3B (5′-TCGGAAGGAACCAGCTACTA-3′)（Subbotin et al.，2006）等。国内外新发现孢囊线虫的鉴定很多都采用了rDNA-ITS区序列分析和形态学鉴定相结合的方法。如希腊新记录玉米孢囊线虫（*Heterodera zeae*），采用对样品线虫的ITS1-5.8S rDNA序列和ITS1、ITS2之间的D2—D3区序列扩增分析，证明样品孢囊线虫与前人在美国和印度发现的玉米孢囊线虫一致（Skantar et al.，2012）。Shi 和 Zheng（2013）在河南许昌种植的烟草上发现的孢囊线虫，通过rDNA-ITS区序列分析比对，得到与大豆孢囊线虫（*H. glycines*）序列相似度99%的结果。在摩洛哥的小麦上首次发现的 H. latipons 也是基于rDNA-ITS区序列比对与形态学鉴定结合分析确定的（Mokrini et al.，2012）。分子生物学技术在线虫学中的应用非常广泛，丁海燕等（2015）在rDNA-ITS区序列聚类分析和ISSR分子生物学技术的基础上对山东省多个县市的禾谷孢囊线虫的遗传多样性进行分析，结果表明，该地区的禾谷孢囊线虫的变异在种群内比种群间的概率大，且山东省的禾谷孢囊线虫群体发生了一定程度的遗传分化而与地域相关性不显著。王水南等（2014）设计出了快速检测旱稻孢囊线虫单条二龄幼虫的特异性引物，并结合D2—D3区通用引物可特异性检测到旱稻孢囊线虫。卓侃等（2014）结合 rDNA-ITS 区序列聚类分析及形态特征值的测量结果表明，在广西龙胜梯田水稻的根围土和根上采集的孢囊线虫种群与已报道过的旱稻孢囊线虫群体一致，并结合 RFLP 检测技术证明该种群存在异质性，当特异性引物 He-F/He-R 与通用引物 D2A/D3B 结合，再经过一步双重 PCR 检测法便可快速鉴定旱稻孢囊线虫的单孢囊，同时也可从已经完成初始分离的田间土壤总线虫样品中直接检测出旱稻孢囊线虫（王水南等，2014），此方法为旱稻孢囊线虫的调研提供了快速、有效且精确的方法，为今后的深入研究奠定了基础

分子生物学在植物寄生线虫上的应用有良好前景，除了以上介绍的使用相对较多且方便快速的分子生物学方法以外，PCR 技术中的多重 PCR 技术（Goto et al.，2011；牛雯雯等，2016）、实时荧光定量 PCR 技术（葛建军等，2009；魏利等，2011）、RT-PCR 技术（吕蓓和方宣钧，2003；Nguyen et al.，2016）等在植物寄生线虫的遗传多样性分析、线虫的快速检测、遗传育种等方面也有所应用。较早的蛋白同工酶分析技术（陈永芳等，1998），20 世纪以来少数线虫学家使用的单链构象多态性技术（张立海等，2001），微卫星标记技术（Thiéry & Mugniery，2000）等都有应用到植物寄生线虫的研究中。

分子生物学技术的迅速发展，推动了其在植物线虫学中的应用，提高了植物寄生线虫防治的准确率和有效性，打破了在线虫的快速检测与种间、种内的鉴定中传统检测与鉴定的僵局，推动了植物线虫学的发展。

参 考 文 献

陈永芳，吴建宇，胡先奇，等，1998. 用 PhastSystem 电泳仪快速鉴定根结线虫种类[J]. 植物病理学报，28(1)：73-77.

丁海燕，梁晨，赵洪海，等，2015. 山东省小麦禾谷孢囊线虫 rDNA-ITS 序列特征和基于 ISSR 的遗传多样性分析[J]. 植物病理学报，45(3)：326-336.

葛建军，曹爱新，陈洪俊，等，2009. 应用 TaqMan 探针进行马铃薯金线虫实时荧光 PCR 检测技术研究[J]. 植物保护，35(4)：105-109.

刘佳，徐娇，代君丽，等，2013. 中国黄淮麦区燕麦孢囊线虫荥阳群体致病型相关 RAPD 标记的建立[J]. 麦类作物学报，33(6)：1294-1299.

刘维志. 1995. 植物线虫学研究技术[M]. 沈阳：辽宁科学技术出版社.

吕蓓，方宣钧，2003. 大豆孢囊线虫 4 号生理小种侵染大豆根系诱导表达的 cDNA 分析[J]. 分子植物育种，1(2)：193-200.

马俊奎，任小俊，刘学义，等，2001. 抗大豆孢囊线虫病相关基因 RAPD 标记的获得[J]. 山西农业科学，29(3)：60-63.

牛雯雯，王暄，李红梅，等，2016. 基于线粒体 DNA-COI 序列的禾谷孢囊线虫和菲利普孢囊线虫双重 PCR 检测[J]. 中国农业科学，49(8)：1499-1509.

亓晓莉，彭德良，彭焕，等，2012. 基于 SCAR 标记的小麦禾谷孢囊线虫快速分子检测技术[J]. 中国农业科学，45(21)：4388-4395.

王水南，彭德良，黄文坤，等，2014. 旱稻孢囊线虫的快速分子检测[J]. 湖南农业大学学报（自然科学版），40(2)：178-182.

魏利，李英慧，卢为国，等，2011. 接种大豆孢囊线虫 4 号生理小种诱导 GmHsl^{pro-1} 基因的表达分析[J]. 农业生物技术学报，19(1)：77-84.

徐姣，刘佳，代君丽，等，2016. 中国黄淮麦区菲利普孢囊线虫淮阳和博爱致病型群体特异性 SCAR 标记的建立[J]. 麦类作物学报，36(4)：523-530.

张立海，廖金铃，冯志新，2001. 松材线虫 rDNA 的测序和 PCR-SSCP 分析[J]. 植物病理学报，31(1)：84-89.

赵杰，张管曲，钮绪燕，等，2011. 陕西省小麦禾谷孢囊线虫 rDNA-ITS 区序列与 RFLP 分析[J]. 植物病理学报，41(6)：561-569.

郑经武，许建平，陈卫良，等，1998. 四种植物线虫的 RAPD 比较及鉴定研究[J]. 农业生物技术学报，6(2)：108，116.

卓侃，宋汉达，王宏洪，等，2014. 旱稻孢囊线虫在广西的发生及其 rDNA-ITS 异质性分析[J]. 中国水稻科学，28(1)：78-84.

Abidou H, Valette S, Gauthier J P, et al., 2005. Molecular polymorphism and morphometrics of species of the *Heterodera avenae* group in Syria and Turkey[J]. Journal of Nematology, 37(2)：146-154.

Botstein D, White R L, Skolnick M, et al., 1980. Construction of a genetic linkage map in man using restriction fragment length polymorphisms[J]. American Journal of Human Genetics, 32(3)：314-331.

Caswell-Chen E P, Williamson V M, Wu F F, 1992. Random amplified polymorphic DNA analysis of *Heterodera cruciferae* and *H.schachtii* populations[J]. Journal of Nematology, 24(3)：343-351.

Chizhov V N, Pridannikov M V, Nasonova L V, et al., 2009. *Heterodera cruciferae* Franklin, 1945, a parasite of *Brassica oleraceae* L. from floodland fields in the Moscow region, Russia[J]. Russian Journal of Nematology, 17(2)：107-113.

Cooper B A, 1955. A prelimination key to British species of *Heterodera* for use in soil examination[M]//Kevan D K M. Soil Zoology. London：Butterworths：269-280.

Fenwick D W, 1959. The Genus *Heterodera*[M]//Southey J F. Plant Nematology. London：Technical Bulletin

(Great Britain Ministry of Agriculture Fisheries and Food).

Goto K, Min Y Y, Sato E, et al., 2011. A multiplex real-time PCR assay for the simultaneous quantification of the major plant-parasitic nematodes in Japan[J]. Nematology, 13(6): 713-720.

Green C D, 1971. The morphology of terminal area of the round-cyst nematodes, S.G. *Heterodera rostochiensis* and allied species[J]. Nematologica, 17(1): 34-46.

Hesling J J, 1965. *Heterodera*: Morphology and Identification[M]//Southey J F. Plant Nematology. London: Technicad Bulletin (Great Britain Ministry of Agriculture Fisheries and Food)

Madani M, Vovlas N, Castillo P, et al., 2004. Molecular characterization of cyst nematode species (*Heterodera* spp.) from the Mediterranean basin using RFLPs and sequences of ITS-rDNA[J]. Journal of Phytopathology, 152(4): 229-234.

Mokrini F, Waeyenberge L, Viaene N, et al., 2012. First report of the cereal cyst nematode *Heterodera latipons* on wheat in Morocco[J]. Plant Disease, 96(5): 774.

Mulvey R H, 1957. Taxonomic value of the cone top and the underbridge in the cyst-forming nematodes *Heterodera schachtii*, *H. schachtii* var. *trifolii* and *Heterodera avenae* (Nematoda: Hematoderidae) [J]. Revue Canadienne De Zoologie, 35(3): 421-423.

Mulvey R H, 1960. Giant larvae of the clover cyst nematode, *Heterodera trifolii* (Nematoda: Heteroderidae) [J]. Nematologica, 5(1): 53-55.

Mulvey R H, 1972. Identification of *Heterodera* cysts by terminal and cone top structures[J]. Canadian Journal of Zoology, 50(10): 1277-1292.

Mulvey R H, 1973. Morphology of the terminal areas of the white females and cysts of the genus *Heterodera* (s.g. *Globodera*) [J]. Journal of Nematology, 5(4): 303-311.

Mulvey R H, Golden A M, 1983. An illustrated key to the cyst-forming genera and species of Heteroderidae in the western hemisphere with species morphometrics and distribution[J]. Journal of Nematology, 15(1): 1-59.

Nguyen P D, Pike S, Wang J, et al., 2016. The Arabidopsis immune regulator SRFR1 dampens defences against herbivory by *Spodoptera exigua* and parasitism by *Heterodera schachtii*[J]. Molecular Plant Pathology, 17(4): 588-600.

Peng H, Qi X, Peng D, et al., 2013. Sensitive and direct detection of *Heterodera filipjevi* in soil and wheat roots by species-specific SCAR-PCR assays[J]. Plant Disease, 97(10): 1288-1293.

Shi H, Zheng J, 2013. First report of soybean cyst nematode (*Heterodera glycines*) on tobacco in Henan, central China[J]. Plant Disease, 97(6): 852.

Skantar A M, Handoo Z A, Zanakis G N, et al., 2012. Molecular and morphological characterization of the corn cyst nematode, *Heterodera zeae*, from Greece[J]. Journal of Nematology, 44(1): 58-66.

Subbotin S A, Mundo-Ocampo M, Baldwin J G, et al., 2010. Systematics of cyst nematodes (Nematoda:

Heteroderinae) volume 8, part B[J]. Plant Pathology, 61(2): 424.

Subbotin S A, Sturhan D, Chizhov V N, et al., 2006. Phylogenetic analysis of Tylenchida Thorne, 1949 as inferred from D2 and D3 expansion fragments of the 28S rDNA gene sequences[J]. Nematology, 8(3): 455-474.

Subbotin S A, Sturhan D, Rumpenhorst H J, et al., 2002. Description of the Australian cereal cyst nematode *Heterodera australis* sp. n. (Tylenchida: Heteroderidae) [J]. Russian Journal of Nematology, 10(2): 139-148.

Subbotin S A, Sturhan D, Rumpenhorst H J, et al., 2003. Molecular and morphological characterisation of the *Heterodera avenae* species complex (Tylenchida: Heteroderidae) [J]. Nematology, 5(4): 515-538.

Subbotin S A, Waeyenberge L, Molokanova I A, et al., 1999. Identification of *Heterodera avenae* group species by morphometrics and rDNA-RFLPs[J]. Nematology, 1(2): 195-207.

Thiery M, Mugniery D, 2000. Microsatellite loci in the Phytoparasitic nematode *Globodera*[J]. Genome, 43(1): 160-165.

Yan G P, Smiley R W, 2010. Distinguishing *Heterodera filipjevi* and *H. avenae* using polymerase chain reaction-restriction fragment length polymorphism and cyst morphology[J]. Phytopathology, 100(3): 216-224.

第三章　大豆孢囊线虫生物学

大豆孢囊线虫（Soybean cyst nematode，SCN）是一种定居型内寄生线虫，专性寄生，寄主范围比较窄，主要是豆科植物如大豆、赤豆、菜豆、绿豆、豌豆等（刘维志，2000；Wrather & Koenning，2006）。其导致的病害——大豆孢囊线虫病是大豆生产中流行性、毁灭性病害之一，各大豆产区均有发生。在美国，大豆孢囊线虫病发生严重的地块可引起超过30%的大豆产量损失，在沙质土壤中大豆甚至绝产，尤其在干旱年份（Chen et al.，2010）。该病害发生的特点是分布广、危害重、传播途径多，是一种极难防治的土传病害。大豆孢囊线虫病在大豆的整个生育期均可发生，遍及全球主要大豆生产国，严重危害全球大豆的生长，直接影响大豆的产量和品质，给生产造成了巨大的经济损失。在我国主要分布于东北及黄淮海地区（刘晔和刘维志，1989；李海等，2014）。该病于1899年在我国东北地区首次发现，由大豆孢囊线虫侵染大豆根系引起植株矮化、萎黄和不易结实等症状，而后，亚洲、美洲和欧洲国家相继报道了该线虫的发生和危害（刘维志，2000；CABI，2011）。大豆孢囊线虫的孢囊在土壤中一般可存活3~4年，最长可存活10年以上，存活时间较长，易复发（刘大伟等，2013）。多年连种大豆的地块，土壤内线虫数量逐年增多，为害逐年加重。

一、大豆孢囊线虫形态学特征

大豆孢囊线虫在分类地位上属于垫刃目，异皮总科，异皮科，异皮线虫属。大豆孢囊线虫的雌虫、雄虫明显异形，雌虫成熟后，虫体膨大成柠檬形，虫体较大，不能活动；雄虫为细长的蠕虫形，能活动。

孢囊是土壤里最常见的形态。成熟雌虫死亡后，表皮变厚、变硬，变为淡褐至深褐色，成为孢囊，内含许多卵，孢囊保护卵度过不良环境条件和越冬或休眠。孢囊长550~870 μm，宽350~670 μm，肛门至阴门的距离52.5~105 μm，阴门裂长43~60 μm，阴门窗长35.0~67.5 μm，宽28.7~50.0 μm。

孢囊表皮纹、阴门锥结构是种的重要鉴别特征。大豆孢囊线虫孢囊中部表皮花纹呈锯齿形，阴门锥上为双半膜孔，有阴门桥和阴门下桥。

年轻雌虫豌豆荚形，成熟雌虫柠檬形，有长的颈部，体长470～790 μm，宽210～580 μm，口针长为27.5 μm，中食道球较大。

雄虫细长蠕虫形，体长1035～1625 μm，宽26.8～31 μm，口针长25.0～28.4 μm，背食道腺开口至口针基部球距离（DEGO）2.0～5.1 μm，尾短，无交合伞，交合刺长30～37 μm，引带长9.9～12.5 μm。

二龄幼虫（J2）蠕虫形，体长375～540 μm，体宽18～18.5 μm，口针长22～25.7 μm，DEGO 3.0～5.4 μm，尾长40～61 μm，尾部透明区长20～33 μm。

卵长81～118 μm，宽30～47 μm。

二、大豆孢囊线虫的生活史及危害

一龄幼虫在卵内发育，蜕皮后形成二龄幼虫（J2），从卵内孵出的J2借助土壤颗粒周围的水膜在土壤孔隙中活动，被成长着的根所吸引，通常从根尖通过穿刺侵染寄主根系，侵入根后的线虫通过在维管束组织内建立取食位点，蜕皮三次发育成成虫。成熟的雌虫身体突出根外，为柠檬形，肉眼可见；成熟雄虫细长蠕虫形，在根表面与成熟雌虫交配后离开根系，不再取食为害（图3-1）。雌虫产少部分卵进入后部的卵囊内，体内充满几百个卵，最后体内充满卵的雌虫死亡，脱落到土壤中，体壁褐化同时变硬保护内部的卵抵抗不良环境，即为孢囊（图3-2）。生活史一般4周，其长短与地理环境、土壤温度和营养条件等有关。大豆孢囊线虫因条件不同一年可发生3～5代，卵孵化最适土壤温度24℃，最适侵入温度28℃，发育适宜温度在23～28℃，低于15℃或高于35℃很少甚至不发育。

大豆孢囊线虫卵在孢囊里于土壤中越冬，条件适宜时在春季或初夏孵化，二龄幼虫进入土壤，当大豆种子发芽后，二龄幼虫侵入幼根开始取食。关于线虫在大豆主根和侧根分布情况及侵染的时空动态可参阅李秀侠等（2008）和王振华等（2009）。当线虫固定取食位点，线虫诱导寄生形成合胞体，与根系建立取食关系，以便从此处不断地吸取营养，引起根部和地上部分产生相应的症状。线虫的侵染易使大豆感染土传病害，如 *Phytopthora*、*Pythium*、*Rhizoctonia* 等引起的根腐病，以及 *Cylindrocladium*

引起的红冠腐病和茎枯病。

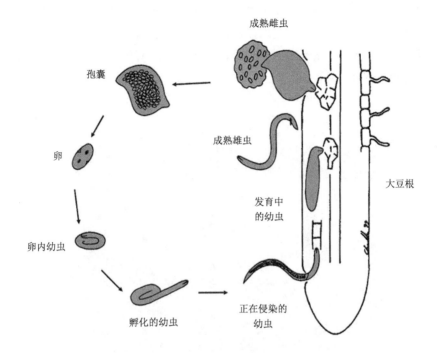

图 3-1　*Heterodera glycines* 生活史
图片来自艾奥瓦州立大学 Greg Tylka 博士

图 3-2　从土壤中分离的大豆孢囊线虫的孢囊

大豆孢囊线虫病又称黄萎病，俗称"火龙秧子"（陈贵省等，2000；

Chen, 2011）。大豆孢囊线虫在大豆的整个生育期均可产生危害，受害的大豆苗期叶片发黄，植株矮小，叶片从下往上逐渐变黄脱落，成株感病地上部矮化和黄萎（图3-3），结荚少或不结荚，最后甚至枯死。根系粗短不发达，并且形成大量须根，根瘤稀少，固氮能力低，须根用水冲洗干净后可发现白色或者黄色雌虫（图3-4）。

图3-3　大豆孢囊线虫为害后的症状（后附彩图）

图片来自 J. Faghihi

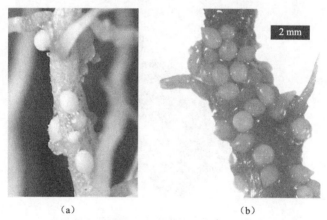

(a)　　　　　　　　　　　(b)

图3-4　大豆根系上的雌虫（后附彩图）

(a) 白色雌虫；(b) 黄色雌虫

三、大豆孢囊线虫生理小种和 HG Type

对于植物病原物来说，是否有致病性取决于病原物本身能否克服某种植物的抗病性，如能克服，则两者之间具有亲和性（compatibility），寄生物有致病性，寄主表现感病。如不能克服，则两者之间具有非亲和性（incompatibility），寄生物不具致病性，寄主植物表现抗病。因此，致病性是病原物对不同种类寄主植物的致病能力。有些病原物虽然在种的水平上与其寄主植物可以发生亲和性，但群体内不同组分（菌系、株系）对该种植物不同品种的致病性可能有很大不同，有的致病性强，有的致病性弱，有的甚至不能致病。因此，根据其对不同品种的致病性，将该种病原物划分为多个小种，有时将这种小种——品种水平上的致病力称为毒力。关于线虫的致病性（pathogenicity）和毒力（virulence）的表示方法本节以大豆孢囊线虫为例简单介绍。

由于发现大豆孢囊线虫群体在不同抗性品种条件下发育和繁殖的能力不同，Golden 等（1970）在比较 *H. glycines* 群体在 4 个不同大豆品系产生成熟雌虫数量的基础上提出了 *H. glycines* 生理小种的鉴定方案（表 3-1）（Niblack et al.，2002）。

表 3-1 大豆孢囊线虫（*H. glycines*）生理小种鉴定方案

生理小种	鉴别寄主			
	Pickett	Peking	PI 88788	PI 90763
1	−	−	+	−
2	+	+	+	−
3	−	−	−	−
4	+	+	+	+
5	+	−	+	−
6	+	−	−	−
7	−	−	+	+
8	−	−	−	+
9	+	+	−	−
10	+	−	−	+
11	−	+	+	−
12	−	+	−	+

续表

生理小种	鉴别寄主			
	Pickett	Peking	PI 88788	PI 90763
13	-	+	-	-
14	+	+	-	+
15	+	+	+	+
16	-	+	+	+

注：每个生理小种以"+"和"-"确定；"+"代表大豆孢囊线虫在鉴别寄主上产生的孢囊数量等于或大于在标准感病品种 Lee74 上产生孢囊数量的 10%；"-"代表小于 10%

后来研究发现生理小种鉴定方案倾向于区分不同 *H. glycines* 群体，而不能区分群体内的基因型，也不适用于评价大豆品种的抗性。但对于其他线虫种，如 *Meloidogyne incognita* 和 *Rhadopholus similis*，生理小种的定义是依据涉及不同种的寄主植物的鉴别寄生，而 *H. glycines* 生理小种鉴定方案是来自一套同种的寄主植物（表 3-1）。2002 年 Niblack 等利用 HG type 描述了大豆孢囊线虫群体的毒力表型（phenotypes），其可根据线虫在 7 个指示材料上产生的孢囊数与标准感病品种 Lee74 比较决定。具体 HG type 的确定方法如下（Niblack et al.，2002）。

（1）取样

1）确保样品的群体代表性；

2）分离孢囊破碎后小样本的卵。

（2）指示性材料

划分大豆孢囊线虫 HG Type 的指示材料见表 3-2。

表 3-2　划分大豆孢囊线虫 **HG Type** 的指示材料

指示材料编号	指示材料	资料来源
1	PI 548402（Peking）	Brim & Ross，1966
2	PI 88788	Hartwig & Epps，1978
3	PI 90763	Hartwig & Young，1990
4	PI 437654	Anand，1992a
5	PI 209332	Anand，1992b
6	PI 89772	Nickell et al.，1994a
7	PI 548316（Cloud）	Nickell et al.，1994b

1）种子来自美国农业部大豆种质保藏中心；

2）在开始检测前 3 d 种子发芽；

3) 选取长势一致无病害症状的苗准备移栽；

4) 巴氏灭菌的砂壤土（75%的沙子），移栽前进行接种。

（3）接种物的准备

1) 接种前准备卵和二龄幼虫悬液；

2) 在接种过程中不断地轻轻搅动接种物悬液；

3) 接种量为每立方厘米土壤20个卵和二龄幼虫，每盆1株大豆；

4) 接种后不宜多浇水。

（4）试验设计

1) 利用完全随机或完全随机区组安排各处理；

2) 每个处理至少重复3次，重复试验2次。

（5）环境条件

1) 保持根围温度27～28℃；

2) 16 h 光照；

3) 适量浇水。

（6）数据收集整理

1) 接种后28 d 扣盆；

2) 把植物根系完全浸入水中，使根部土壤自然脱离根部；

3) 在20目和60目的套筛上，用水冲洗附在根上的孢囊；

4) 制备雌虫悬液，60倍立体显微镜下记录孢囊的数量；

5) 首先分离和记录标准感病品种 Lee74 的孢囊数量，如果低于100，弃掉试验，重新开展试验；

6) 计算雌虫指数 FI，FI=供试大豆材料根上平均雌虫数/标准感病品种根系上平均雌虫数×100，然后根据表3-3给出 HG Type 类型。

（7）报告结果

1) Lee74 根系上雌虫实际数量；

2) 以表格形式给出所有供试指示材料上的 FI 值；

3) 根据 Bird 和 Riddle（1994）命名自交系（inbred lines）或特定分离物（special isolates）。

如果 FI＜10用"－"表示，如果 FI≥10则用"＋"表示。HG Type 具体描述案例参见表3-3，如果在各指示材料的 FI 值均小于10，大豆孢囊线虫群体可表示为 HG Type 0。

表 3-3 大豆孢囊线虫 HG Type 划分

指示材料编号	指示材料	HG Type 2.5.7	HG Type 1.4.6	HG Type 1	HG Type 0
1	Peking	−	+	+	−
2	PI 88788	+	−	−	−
3	PI 90763	−	−	−	−
4	PI 437654	−	+	−	−
5	PI 209332	+	−	−	−
6	PI 89772	−	+	−	−
7	PI 548316	+	−	−	−

连续种植抗线虫大豆品种会使大豆孢囊线虫毒力表型发生变化（Chen，2011）。1996～2008 年美国明尼苏达州感染大豆孢囊线虫 HG Type 0 群体（3号生理小种）地块，种植抗性品种 Freeborn 不同年限后，大豆孢囊线虫在品种 PI 88788、Freeborn 和 Peking 上的繁殖潜力（雌虫指数）见图 3-5（Chen，2011），大豆孢囊线虫在抗性品种 Freeborn 和抗源材料 PI 88788 上繁殖潜力随着种植年限的增加而增强（图 3-5），5 年后大豆孢囊线虫群体从原来的 HG Type 0（3 号生理小种）变成 HG Type 2.5.7，克服了 PI 88788 的抗性；10 年后，对原来群体具有中等抗性的品种 Freeborn（$FI≈15$），变成了对现有线虫群体感病品种（$FI>60$）。明尼苏达州，2002～2008 年，毒力群体在抗源材料 PI 88788 和 Peking 上出现的比例明显增加。该州南部和中部地块的线虫群体在 PI 88788 材料上的 $FI>30$，说明含有该抗源的品种对该地区的线虫群体的抗性已不再有效。

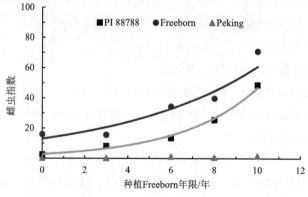

图 3-5 种植抗性品种 Freeborn 年限与繁殖潜力（雌虫指数）的关系

四、影响大豆孢囊线虫病发生的因素

大豆孢囊线虫病发生及危害程度受大豆品种、气候条件、土壤生物因素和非生物因素的影响，例如，土壤类型、土壤质地、土壤酸碱度和土壤温度等都会对大豆孢囊线虫病的发生有很大影响。干旱贫瘠或通气良好的砂壤碱性土利于大豆孢囊线虫生长发育，线虫适于在湿度为60%～80%的土壤中生存，过于潮湿黏重的土壤因氧气不足易致线虫死亡。洼地、肥沃、雨水较多的土壤及轮作地发病较轻，连作地发病重。线虫在土壤pH<5时，几乎不能繁殖，在pH高的土壤中孢囊线虫数量远远高于pH低的土壤。在美国的明尼苏达州，当土壤pH较高时大豆孢囊线虫的侵染会加重大豆缺铁性黄化症（iron-deficiency chlorosis，IDC）；类似的，在土壤低钾情况下会诱导植物钾缺乏症，但这种症状不只由大豆孢囊线虫引起（Chen，2011）。

五、大豆孢囊线虫的传播

大豆孢囊线虫自身蠕动距离只有几厘米，其远距离传播大都与携带线虫的土壤相关。大豆孢囊线虫的传播方式有：自然降水引起地表径流或田间灌水导致土壤中线虫随水流传播；动物携带或借风携带传播；孢囊通过鸟的消化道后仍保持活力，因此，可以通过鸟类进行远距离传播；混入未腐熟堆肥或线虫污染的种子也可以远距离传播；通过农事耕作翻耙机、播种机、中耕机或施肥等田间作业机械的传播等。通过田间作业机械携带线虫进入健康田块是其主要的传播方式（段玉玺和陈立杰，2006；郑雅楠等，2009；于宝泉和高林，2012）。

六、大豆孢囊线虫的防治

大豆孢囊线虫一旦传入很难清除，因此，治理目标主要是：①将产量损失降至最低；②降低土壤中线虫群体密度；③利用综合措施保持抗性品种的产量潜力。目前，控制大豆孢囊线虫的措施主要包括：使用抗病品种、农业防治、物理防治、化学防治和生物防治。

（一）抗病品种的使用

最先开展抗大豆孢囊线虫工作的是美国和日本，1956 年，美国首次开展抗大豆孢囊线虫资源的筛选工作，1957 年，通过对 2800 份材料进行抗性鉴定选出了 8 份对大豆孢囊线虫高抗的材料：Ilsoy、Peking 和 6 个 PI 系列品种（Ross & Brim，1957）。美国商业抗大豆孢囊线虫品种的抗性水平如图 3-6 所示。美国大约 95%的抗大豆孢囊线虫品种来自单一抗源材料 PI 88788，少数来自 Peking 和 PI 437654，连续利用这些来自同一抗源材料的品种，最终会导致线虫克服品种的抗性。

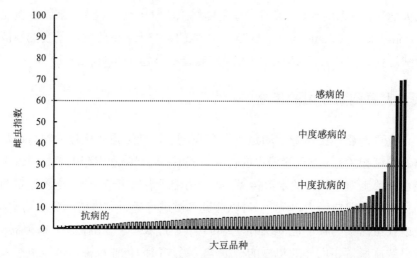

图 3-6　2010 年标记抗大豆孢囊线虫的商业大豆品种抗大豆孢囊线虫 HG Type 0 的抗性水平

引自 Chen（2011）

我国抗大豆孢囊线虫育种自 20 世纪 80 年代开始，起步较晚，1992 年审定了我国第一个抗大豆孢囊线虫大豆品种——抗线虫 1 号，结束了我国没有抗大豆孢囊线虫大豆品种的历史，填补了该领域的空白。陆续选育了"抗线虫 2 号""抗线虫 3 号""抗线虫 4 号""抗线虫 5 号""抗线虫 6 号""抗线虫 7 号""抗线虫 8 号""抗线虫 9 号""抗线虫 10 号""抗线虫 11 号""庆丰 1 号""东农 43""嫩丰 15"，以及耐病品种"嫩丰 14"（王明泽等，2002；高国金等，2004，2005；田中艳等，2004，2010，2011；吴耀坤等，2011；于吉东等，2013）。近年来，我国育种方法取得了一定的进展。田中艳（2003）

将海滩豆的总 DNA 导入大豆受体中，选育出高抗 3 号生理小种大豆品系安 D205-8。

（二）农业防治

大豆孢囊线虫是专性寄生物，寄主范围较窄，仅限少数豆科植物。合理轮作能有效控制大豆孢囊线虫的数量并且降低其危害，是防治大豆孢囊线虫病害的主要农业措施之一。在非寄主存在条件下，线虫仍然孵化，幼虫因为没有寄主无法寄生而饿死，从而降低大豆孢囊线虫群体密度。非寄主或弱寄主有：苜蓿、瓜、甘蔗、大麦、芒草、甘薯、油菜、燕麦、甜高粱、玉米、花生、柳枝稷、棉花、红三叶草、烟草、牧草、水稻、番茄、甜菜和小麦等。蓖麻也是很好的防治大豆孢囊线虫的轮作作物（刘晔等，1990）。Chen（2011）研究表明，种植感病大豆品种的田块，在收获时，卵的群体密度在 100 cm³ 土壤中可从几千个升高至几万个（图 3-7）。在种植非寄主作物玉米的土壤中，卵的群体密度平均每年减少大约 50%，5 年时间可以将卵的群体密度从每 100 cm³ 土壤 10 000 个降低到每 100 cm³ 土壤 300 个（图 3-7），大大减少了线虫对大豆的危害。

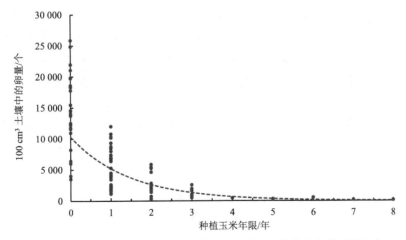

图 3-7　1996～2004 年明尼苏达州南部农田大豆孢囊线虫卵的群体密度与种植非寄主作物玉米年限之间的关系

引自 Chen（2011）

加强栽培管理、深耕晒田、合理施肥、合理密植、适时早播和培育壮苗也是有效的防治途径。种植诱捕植物对减少大豆孢囊线虫数量也有一定效果(段玉玺, 2011)。

(三)化学控制

与轮作和种植抗病品种相比,利用化学药剂效果不好且不经济。因此,杀线虫剂一般不推荐使用,它是特殊情况下的"最后一招",往往费用很高但效果不理想。目前,有一些杀线虫剂登记用于大豆,但这些药剂的效果因土壤和环境因子,包括土壤类型、降水量、土壤湿度、土壤温度和土壤微生物活性而异,很少有杀线虫剂对低密度线虫群体有防治效果。杀线虫剂的使用明显增加费用却不能保证产量的提高。因此,在使用杀线虫剂前,应从经济、环境和对人类健康的角度考虑。大豆孢囊线虫的治理通常不推荐使用杀线虫剂。

(四)生物防治

对于大豆孢囊线虫的防治,尽管商品化的生防制剂还没有被广泛接受,生物防治还是应该作为综合治理方案中的一个重要组成部分。事实上,有广泛的自然天敌包括真菌、细菌、捕食性线虫、昆虫、螨,以及其他微小土壤动物,攻击大豆孢囊线虫。杀线虫真菌分布非常广泛,在大豆孢囊线虫的生物防治研究中已经有了很多的报道。淡紫拟青霉(*Paecilomyces lilacinus*)、厚垣轮枝菌(*Verticillium chlamydosporium*)、蜡蚧轮枝菌(*Verticillium lecanii*)、被毛孢(*Hirsutella rhossiliensis*,*H. minnesotensis*)和镰刀菌(*Fusarium*)等真菌目前研究得比较多。段玉玺等(2008)从人参土壤中分离获得的哈茨木霉(*Trichoderma harzianum*)发酵液防治大豆孢囊线虫效果显著。明尼苏达被毛孢是大豆孢囊线虫幼虫专性寄生真菌,是具有潜力的线虫生防资源(Chen et al., 2000)。

参 考 文 献

陈贵省,颜清上,阎淑荣,等,2000. 大豆孢囊线虫的危害及其防治[J]. 作物杂志, (1): 6-9.

陈立杰,陈井生,郑雅楠,等,2009. 放线菌 Snea253 的鉴定及对大豆胞囊线虫的抑制作用[J]. 中国生物防治, 25(1): 66-69.

段玉玺,陈立杰,2006. 大豆胞囊线虫病及其防治[M]. 北京:金盾出版社.

段玉玺, 2011. 植物线虫学[M]. 北京: 科学出版社.

段玉玺, 靳莹莹, 王胜君, 等, 2008. 生防菌株 Se8nf5 的鉴定及其发酵液对不同种类线虫的毒力[J]. 植物保护学报, 35(2): 132-136.

高国金, 王明泽, 周长军, 等, 2004. 抗线虫 5 号大豆的选育及栽培技术[J]. 大豆通报, (4): 12, 15.

高国金, 周长军, 杜志强, 等, 2005. 抗线虫大豆品种对大豆胞囊线虫生理小种演变的选择作用及育种思路[J]. 大豆通报, (1): 15.

金娜, 刘倩, 简恒, 2015. 植物寄生线虫生物防治研究新进展[J]. 中国生物防治学报, 31(5): 789-800.

李海, 段玉玺, 陈立杰, 等, 2014. 大豆胞囊线虫 3 号生理小种胁迫下不同抗性大豆品种的生化响应[J]. 大豆科学, 33(5): 783-786.

李海燕, 段玉玺, 陈立杰, 2015. 大豆植株中类黄酮对大豆胞囊线虫的毒杀效果及机理研究[J]. 作物杂志, (1): 57-60.

李秀侠, 王振华, 时立波, 等, 2008. 大豆根内大豆胞囊线虫的时空动态研究[J]. 作物学报, 34(12): 2190-2195.

刘大伟, 陈立杰, 段玉玺, 2013. 大豆胞囊线虫胁迫下不同抗性大豆杂交后代根系蛋白质组分析[J]. 华北农学报, 28(5): 29-33.

刘维志, 2000. 植物病原线虫学[M]. 北京: 中国农业出版社.

刘杏忠, 刘文敏, 张东升, 1995. 定殖于大豆孢囊线虫的淡紫拟青霉生物学特性研究[J]. 中国生物防治, 11(2): 70-74.

刘杏忠, 张克勤, 李天飞, 2004. 植物寄生线虫生物防治[M]. 北京: 中国科学技术出版社.

刘晔, 刘维志, 1989. 大豆孢囊线虫的生理小种鉴定结果(Ⅱ)[J]. 沈阳农业大学学报, 20(1): 41-44.

刘晔, 周百坤, 张德芳, 等, 1990. 蓖麻在轮作中对大豆胞囊线虫的防治效果[J]. 沈阳农业大学学报, 21(3): 236-238.

田中艳, 2003. 利用外源 DNA 直接导入方法进行大豆抗线育种研究[J]. 黑龙江农业科学, (5): 27-29.

田中艳, 高国金, 周长军, 等, 2004. 抗线虫 4 号大豆的选育及栽培技术[J]. 大豆通报, (1): 15.

田中艳, 周长军, 李建英, 等, 2010. 大豆新品种抗线虫 8 号的选育及栽培技术[J]. 黑龙江农业科学, (1): 135-136.

田中艳, 周长军, 李建英, 等, 2011. 大豆品种抗线虫 10 号主要特征特性及栽培技术[J]. 大豆科技, (3): 51.

王明泽, 田中艳, 李云辉, 等, 2002. 大豆"抗线虫 3 号"的选育及栽培技术[J]. 大豆通报, (5): 19.

王振华, 时立波, 吴海燕, 等, 2009. 大豆根内胞囊线虫发育进程及分布[J]. 中国农业科学, 42(9): 3147-3153.

吴耀坤, 田中艳, 周长军, 等, 2011. 大豆新品种抗线虫 9 号的选育[J]. 黑龙江农业科学, (11): 160-161.

谢联辉, 2006. 普通植物病理学[M]. 北京: 科学出版社.

于宝泉, 高林, 2012. 大豆胞囊线虫病发生和防治研究进展[J]. 大豆科技, (3): 29-33.

于吉东, 陈井生, 马兰, 等, 2013. 高产抗病大豆品种抗线虫11的选育[J]. 黑龙江农业科学, (2): 147.

于晶贤, 1998. 哈尔滨小黑豆在大豆抗胞囊线虫育种中的利用[J]. 农业系统科学与综合研究, 14(4): 319-320.

郑雅楠, 段玉玺, 孙晶双, 等, 2009. pH值对大豆胞囊线虫孵化影响研究[J]. 大豆科学, 28(2): 275-277.

Anand S C, 1992a. Registration of 'Hartwig' soybean[J]. Crop Science, 32(4): 1069-1070.

Anand S C, 1992b. Registration of 'Delsoy 4710' soybean[J]. Crop Science, 32(5): 1294.

Bajaj R, Hu W, Huang Y Y, et al., 2015. The beneficial root endophyte Piriformospora indica reduces egg density of the soybean cyst nematode[J]. Biological Control, 90: 193-199.

Bird D M, Riddle D L, 1994. A genetic nomenclature for parasitic nematodes[J]. Journal of Nematology, 26(2): 138-143.

Brim C A, Ross J P, 1966. Registration of Pickett soybeans[J]. Crop Science, 6(3): 305.

CABI, 2011. *Heterodera glycines* Distribution Maps of Plant Diseases[M]. Edition Z. Wallingford: CABI.

Chen S, Liu X Z, Chen F J, 2000. *Hirsutella minnesotensis* sp.nov., a new pathogen of the soybean cyst nematode[J]. Mycologia, 92(5): 819-824.

Chen S, 2011. Soybean Cyst Nematode Management Guide[M]. St Paul: University of Minnesota Extension.

Golden A M, Epps J M, Riggs R D, et al., 1970. Terminology and identity of infraspecific forms of the soybean cyst nematode (*Heterodera glycines*)[J]. Plant Disease Reporter, 54(7): 544-546.

Hartwig E E, Epps J M, 1978. Registration of Bedford soybeans[J]. Crop Science, 18(5): 915.

Hartwig E E, Young L D, 1990. Registration of 'Cordell' soybean[J]. Crop Science, 30(1): 231-232.

Niblack T L, Arelli P R, Noel G R, et al., 2002. A revised classification scheme for genetically diverse populations of *Heterodera glycines*[J]. Journal of Nematology, 34(4): 279-288.

Nickell C D, Noel G R, Bernard R L, et al., 1994a. Registration of soybean germplasm line 'LN89-5699' resistant to soybean cyst nematode[J]. Crop Science, 34(4): 1133-1134.

Nickell C D, Noel G R, Bernard R L, et al., 1994b. Registration of soybean germplasm line 'LN89-5612' moderately resistant to soybean cyst nematode[J]. Crop Science, 34(4): 1134.

Ross J P, Brim C A, 1957. Resistance of soybeans to the soybean cyst nematode as determined by a double-row method[J]. Plant Disease Reporter, 41(11): 923-924.

Skantar A M, Agama K, Meyer S L, et al., 2005. Effects of geldanamycin on hatching and juvenile motility in *Caenorhabditis elegans* and *Heterodera glycines*[J]. Journal of Chemical Ecology, 31(10): 2481-2491.

Wrather J A, Koenning S R, 2006. Estimates of disease effects on soybean yields in the United States 2003-2005[J]. Journal of Nematology, 38(2): 173-180.

第四章　大豆孢囊线虫在中国的生态分布及发生规律

大豆孢囊线虫病是大豆种植期间常见的线虫病害，在大豆的整个生育期均可发生。该病害分布广、危害重、传播途径多，是一种极难防治的土传病害，在中国各大豆种植区都有发生（刘大伟等，2013）。掌握大豆孢囊线虫在全国范围内的分布情况对抗病育种及各地进行相应的防治具有重要意义。

一、大豆孢囊线虫在中国不同地区的生态分布及发生规律

1. 大豆孢囊线虫在黑龙江省的生态分布及发生规律

在黑龙江省，大豆孢囊线虫除在边远的逊克、嘉荫、孙吴、抚远、呼玛5县未作调查外全省各市县均有发生。春季气温变暖后，二龄幼虫开始孵化，大豆出苗后，在地温为10～13℃时75 h入侵根部，侵入大豆根部生长繁殖。平均地温为13.5℃时，从播种到二龄幼虫、三龄幼虫侵入高峰需27～29 d，地温为24℃时，仅需8～10 d；平均地温为21.7℃时，完成一个世代需30 d；27.5℃时仅需20 d；完成一个世代通过10℃以上的有效积温为330～350℃。在自然条件下，5月播种后第一代在7月上旬、中旬完成，8月上旬完成第二代，9月中旬完成第三代，并且世代重叠现象明显。温度越高线虫发育越快，每代历期越短，在-40℃低温时7个月后卵囊中的卵仍有活力（刘汉起和商绍刚，1981；马志刚和雷志清，2008）。

2. 大豆孢囊线虫在吉林省的生态分布及发生规律

在吉林省的分布：白城市、延边朝鲜族自治州、辽源市、四平市、吉林市、长春市、通化市等。大豆孢囊线虫在吉林省发生普遍，在全省的36个大豆产区中有83%发生，并且线虫的密度很大，在白城市密度最大（刘学敏和武侠，1988）。大豆孢囊线虫在白城市1年发生4代，第一、二、三、四

代分别发生在5月中旬至6月下旬、6月下旬至7月下旬、7月下旬至8月下旬、8月下旬至10月上旬。早熟品种一年仅发生3代。当日平均气温在19.8℃时，完成一个世代需29 d，20.9℃时需25 d，24.5℃时需22 d，完成一个世代所需活动积温为522.5～574.2℃（徐桂芬和周贵发，1990）。大豆孢囊线虫以孢囊在土壤里和寄主根茬内越冬。春季气温回升后，二龄幼虫开始活动。5月下旬大豆出苗后，开始侵入大豆根部。6月上旬在豆根内进行第二次蜕皮成为三龄幼虫，在白城市6月上中旬雌成虫相继出现，6月中下旬雌虫体壁增厚变黄，成为孢囊，脱于土中。6月下旬至7月上旬孢囊内二龄幼虫再次孵出，进入土壤中进行再侵染。如此反复循环侵染，繁衍后代，直到9月下旬气温较低不能繁殖为止。最后以孢囊形态在土壤中越冬，作为下一年的再侵染的来源（徐桂芬和周贵发，1990）。

3. 大豆孢囊线虫在辽宁省的生态分布及发生规律

辽宁省大豆孢囊线虫发生普遍，沈阳市（浑南区和康平县）、昌图县、岫岩满族自治县、海城市、清原满族自治县、建平县、朝阳县、喀喇沁左翼蒙古族自治县、辽阳市太子河区、营口市（盖州市）、大连市（金州区、庄河市、瓦房店市）、凤城市、北镇市、大洼区、葫芦岛市（南票区和绥中县）、阜新蒙古族自治县、本溪满族自治县等均有发生。刘大伟等（2014）调查的26个市（县、区）中，康平县西关屯蒙古族满族乡大豆孢囊线虫密度最高。在大豆孢囊线虫高密度地区大豆是主栽作物且常年连作。在大豆孢囊线虫密度较小地区，土质硬易结块且水分保持不好，不易发生大豆孢囊线虫病。大豆孢囊线虫在康平县一年可发生3代，以胚胎卵和少数一龄幼虫在孢囊内越冬，5月初，10 cm土深，日均温超过7℃时开始活动，卵孵化为二龄幼虫侵入根内，再经历2次蜕皮后6月上旬雌虫迅速膨大为瓶状，露于根外，雌雄虫交尾，6月下旬完成一代，虫体变褐，随寄主根系散落在5～20 cm的土壤中（王存晋，1981）。

4 大豆孢囊线虫在山东省的生态分布及发生规律

在山东省的分布：烟台市、潍坊市（高密市、青州市、昌邑市、寿光市、寒亭区）、菏泽市、青岛市（胶州市）、济宁市、东营市、济南市、淄博市、枣庄市、德州市、聊城市、临沂市、泰安市、惠民县（赵经荣等，1990；吴传德等，1991）。大豆孢囊线虫在山东省普遍发生，在夏大豆播种后的

25~27 d 即表现明显的症状，若播种后持续干旱，症状较为严重，田间出现斑块状枯萎，植株着生孢囊数每厘米主根可达 30 个，造成大豆严重减产。重病区有潍坊市、枣庄市、烟台市、青岛市、济南市、东营市、菏泽市、济宁市、聊城市、泰安市，轻病区在惠民县、淄博市、临沂市、德州市等地（赵经荣等，1990）。在潍坊市的夏大豆上大豆孢囊线虫每年发生 3 代。从二龄幼虫侵入至出现白色雌成虫需要 16~18 d，第一代历时 30 d 左右，发生在 6 月下旬至 7 月下旬；第二代历时 24 d 左右，发生在 8 月初至 8 月下旬；第三代历时 26 d 左右，发生在 9 月初至 10 月初。大豆出苗后，二龄幼虫开始侵入大豆幼根，7 d 左右达侵入高峰。二龄幼虫侵入后 3~4 d 即蜕皮为三龄幼虫。幼虫各龄历期比较短，一般 3~4 d，成虫历期为 5~10 d，除越冬代外，孢囊中卵孵化侵入需 11~27 d，有的时间更长。在大豆整个生育期间，孢囊线虫能陆续孵化，只要有大豆新根出现，二龄幼虫就可以侵入，使田间发生世代重叠。在病田里呈垂直分布，约有 80% 分布在 0~25 cm 的耕作层（吴传德等，1991）。

5. 大豆孢囊线虫在山西省的生态分布及发生规律

在山西省，大豆孢囊线虫主要分布在太原市、大同市、阳泉市、长治市、运城市、忻州市、吕梁市、晋中市、临汾市、晋城市。大豆孢囊线虫在山西分布范围广、分布面积大，对山西全省 111 个县区的乡镇（调查总数占全省乡镇的 93%）进行调查，所采集土样有 88%含有孢囊，但大部分地区大豆孢囊线虫病发病比较轻，占 85%，一般病田和重病田占 15%，发病程度北部、中部重于南部。在晋中一带，大豆孢囊线虫常年发生 4 代，在土壤中，孢囊和根部雌虫的分布在不同的土层深度有所差异。0~10 cm 土壤的孢囊数占土壤总孢囊数的 21.5%，根部雌虫占总雌虫数的 53.2%；在 10~15 cm 的土层中，孢囊占 21.3%，雌虫占 18.1%；20~25 cm，孢囊占 12.2%，雌虫占 2.5%；25~50 cm：孢囊数占 16.4%，无雌虫（山西省大豆孢囊线虫病调查协作组，1987；董晋明，1988）。大豆孢囊线虫在襄汾县一年 4 代，每代历期 1 个月左右，7、8 月份温度高历期较短。土壤中越冬孢囊在春季回温后 4 月中旬开始孵化，在 5 月底出现第一代孵化高峰。在 7 月初前后出现第二代，7 月底前后出现第三代，8 月底前后出现第四代。二龄幼虫的活动规律与田间 6 月中下旬大豆发病最严重的情况吻合（王全亮和刘国华，2001）。

6. 大豆孢囊线虫在安徽省的生态分布及发生规律

大豆孢囊线虫在安徽省的分布：阜阳市（阜南县、临泉县、颍上县、太和县），淮南市（凤台县、寿县），蚌埠市（五河县、怀远县、固镇县），宿州市（灵璧县、砀山县、泗县、萧县），亳州市（利辛县、蒙城县），六安市（霍邱县），淮北市（濉溪县），滁州市（明光市、凤阳县）。在该省淮北夏大豆上，大豆孢囊线虫一年可发生 4 代，在有寄主存在的情况下，一年可发生 5 代。不同前茬、土质（砂土、淤土、壤土和砂姜黑土，砂质壤土危害最重）、耕作方式的田块都发现有大豆孢囊线虫的发生。在 20～22℃ 的条件下，二龄幼虫可在 5～12 h 完全侵入幼根。6 月中旬播种夏大豆后，大豆孢囊线虫侵入根部，7 月上中旬孢囊成熟脱落孵化成二龄幼虫进行再侵染。大豆收获后，成熟的孢囊落入土中进行越冬。大豆孢囊线虫在土壤中以 5～20 cm 土层内最多，40～50 cm 深处仍有孢囊，且在 30～50 cm 深处的孢囊个体较大（张磊，1986）。在砀山县大豆孢囊线虫第一代历期最长，达 35 d，第二代、第三代较短，为 21～24 d，第四代 28～29 d（周书麒等，1984）。在整个大豆生育期间，各世代大豆孢囊线虫的发育有着明显的重叠现象。

7. 大豆孢囊线虫在江苏省的生态分布及发生规律

大豆孢囊线虫在江苏省的徐州市（沛县、铜山区、丰县、睢宁县、邳州市），盐城市（阜宁县、滨海县、响水县），连云港市均有分布。大豆孢囊线虫在江苏徐淮地区一年发生 3～4 代。在夏大豆上一年发生 3 代，幼虫分别于 7 月上旬、8 月上旬和 9 月上中旬出现高峰，孢囊的高峰期出现较幼虫高峰期迟 5～10 d。在晚大豆上则出现不完全的第 4 代（刘荆和李庆端，1989）。

8. 大豆孢囊线虫在内蒙古自治区的生态分布及发生规律

内蒙古自治区的兴安盟、呼伦贝尔市（扎兰屯市、莫力达瓦达斡尔族自治旗、阿荣旗）有大豆孢囊线虫发生，大豆孢囊线虫在 1980 年以前只是局部发生，1980 年后随着大豆种植面积的扩大，大豆孢囊线虫在呼伦贝尔市岭东大豆田区普遍发生。莫力达瓦达斡尔族自治旗发病较重，阿荣旗次之。呼伦贝尔市大豆田区大多在 6 月初发病，6 月 30 日为高峰期，发病较重，

7月中旬之后土壤湿度随着降水量的增多而加大，大豆孢囊线虫进入休眠状态，发病不明显（王秋荣等，2001）。在兴安盟每年发生3代，在大豆生育期完成一个世代需要25～35 d，对大豆生长发育有影响的有两代，第一代发生在6月下旬至7月中旬，第二代发生在8月上旬至下旬（朱知运等，2002）。宋美静等（2016）在内蒙古赤峰市发现大豆孢囊线虫。

9. 大豆孢囊线虫在北京市的生态分布及发生规律

北京市曾被报道过大豆孢囊线虫侵染地黄的情况。该虫在北京地黄上一年发生5～6代，有明显的世代重叠现象。大豆孢囊线虫以二龄幼虫、卵和孢囊在土壤和留种用地黄块茎上越冬。每年5月上旬二龄幼虫随着地黄的出苗而开始发生，6月中旬第一次成虫高峰出现，之后出现5次二龄幼虫、三龄幼虫的高峰，10月初出现最后一次高峰。8月上旬至9月上旬室外平均土温为24.5℃，27 d完成一代，9月中旬至10月下旬平均室内土温为20.2℃，35 d完成一代。各龄幼虫在25℃左右发育历期为：二龄幼虫4～5 d；三龄幼虫3～5 d，四龄幼虫5～7 d。卵在25℃左右历期为14～16 d，在17℃左右为20～22 d（陈金堂和李知，1981）。

10. 大豆孢囊线虫在河北省的生态分布

2003年，张俊立等在河北省邯郸市、邢台市、石家庄市、保定市、秦皇岛市、唐山市、张家口市等采集大豆根际土壤，并利用分子生物学手段鉴定，检测到邯郸市的永年区、磁县、峰峰矿区，邢台市的南和县、广宗县、清河县，保定市的南大园乡、西马池村、望都县、定州市，石家庄市的栾城区、鹿泉区、平山县及石家庄市郊，秦皇岛市的抚宁区、昌黎县，唐山市的迁西县、迁安市、丰润区的大豆和张家口市的红芸豆上的大豆孢囊线虫。其中邯郸市、邢台市、保定市、石家庄市、秦皇岛市、唐山市、张家口市孢囊检出率分别有50.0%、85.7%、90.0%、47.4%、88.9%、55.6%和100.0%（张俊立等，2005）。

除上述地区外，广西武鸣区，贵州普定县，江西安福县（Wang et al.，2015），浙江杭州市（Zheng et al.，2009），新疆（李惠霞等，2012），甘肃，宁夏（Peng et al.，2016），陕西延安市（宋美静等，2016），安徽阜阳市及河南的北部与河北交界以南、漯河市、周口市、焦作市、获嘉县、开封市、滑县、温县、商丘市（Lu et al.，2006），许昌市都有报道大豆孢囊线虫的发生，另外，在许昌市发现的大豆孢囊线虫在烟草上也有发生，但该孢囊无法在大豆上繁殖（Shi & Zheng，2013）。

二、大豆孢囊线虫发生的时空动态和发育进程——以山东泰安地区为例

李秀侠等（2008）在田间自然生长条件下，研究大豆苗期（7~37 d）大豆孢囊线虫（4号生理小种）在根系分布的时空动态。结果表明，大豆孢囊线虫分布与根系生长状况有密切关系。出苗后 7 d 已有线虫侵入根内，随着根系生长发育，单位根长线虫数及线虫总数增多，单位根长线虫数呈 S 形曲线变化。随着出苗后天数的增加，主根和侧根内线虫数量变化呈相反趋势，其中主根内线虫密度减少，侧根内线虫密度增加至相对稳定值。随着土层的加深，主根和侧根内线虫密度差异减小；5~15 cm 土层根系内线虫数量及其所占比例均最大。说明苗期大豆孢囊线虫主要分布在 5~15 cm 土层。

回归分析表明，单位根长线虫数与出苗天数之间的关系可用多项式表示为 $y = ax^3 + bx^2 + cx + d$。图 4-1 为 2006 年和 2007 年的试验结果，单位根长线虫数变化均呈 S 形曲线，出苗 7~37 d 大豆根内单位根长线虫数（N_p）变化可大致分为 3 个阶段：①平稳变化期（出苗 7~17 d），单位根长线虫数（N_p）随出苗天数呈指数增加，N_p 与出苗天数的关系分别为 $y = 0.4977e - 0.0576x$，$r = 0.916$；$y = 0.7389e - 0.0761x$，$r = 1$；②快速增加期，N_p 以直线形式增加，直线方程为 $y = 0.4084x + 0.0094$，$r = 0.9999**$；$y = 0.2724x + 0.3074$，$r = 0.9184$，其中方程斜率表示 N_p 日平均增加量，即单位根长日平均增加线虫数；③停止增加到减少期，32 d 后随着根系的老化和大量白色孢囊的形成、脱落，N_p 减少。

李秀侠等（2008）描述了苗期大豆主侧根内大豆孢囊线虫的动态分布，2006 年和 2007 年，大豆出苗后不同天数主根和侧根 N_p 均有显著变化（$P < 0.01$），且主根和侧根内 N_p 随出苗后天数增加整体呈相反趋势变化（图 4-2）。2006 年，大豆出苗 0~17 d 时，主侧根内 N_p 差异不显著；随着出苗天数的增加主侧根内 N_p 差距先减小后增大，22 d、27 d、32 d 和 37 d 时侧根内 N_p 显著多于主根（$P < 0.01$）。22~37 d 主根内 N_p 呈减少趋势，但变化不显著；12~32 d 侧根内 N_p 呈上升趋势，32 d 时达到峰值，为 1.7 条/cm。2007 年主侧根单位根长线虫数变化较大，0~22 d 主根内 N_p 显著多于侧根（$P < 0.05$），27~37 d 时主根内 N_p 少于侧根，但差异不显著，主根内 N_p 下降，

侧根内 N_p 上升；该年试验中主根内线虫数量较多，N_p 总趋势在减少，其中出苗 7 d、17 d 和 27 d 时根内线虫较多；7~27 d 侧根内 N_p 总体呈上升趋势（$P<0.05$），27 d 达到峰值，根内线虫数为 3.0 条/cm。

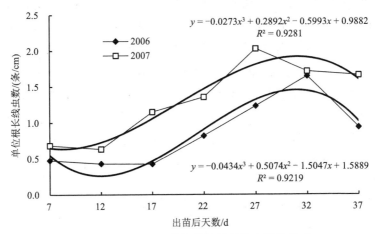

图 4-1 大豆出苗天数与单位根长线虫数的关系

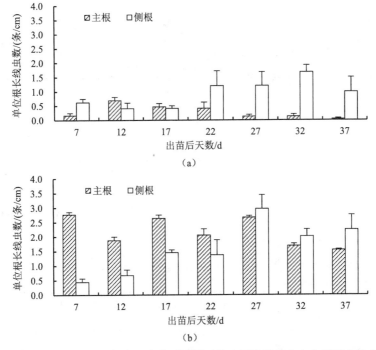

图 4-2 2006 年和 2007 年大豆出苗后不同天数大豆孢囊线虫在主侧根上的分布
(a) 2006 年；(b) 2007 年

大豆苗期不同土层根系内大豆孢囊线虫的分布及所占比例明显不同。由图4-3可知,出苗后不同天数各土层 N_p 均呈增加趋势,其中5～10 cm和10～15 cm土层的线虫占优势。2006年各土层 N_p 值差异显著,均为单峰曲线,但峰值出现的时间不同,5～10 cm、10～15 cm和15～20 cm土层分别在出苗后22 d、27 d和32 d时达到峰值,分别为1.5条/cm、2.2条/cm和2.0条/cm;0～5 cm土层32 d达到最大值,为3.4条/cm。2007年各土层 N_p 值差异显著($P<0.05$),其排序为 10～15 cm>5～10 cm>0～5 cm>15～20 cm,0～5 cm和10～15 cm土层内 N_p 曲线基本一致,5～10 cm和15～20 cm均呈单峰曲线;其中,0～5 cm、5～10 cm和10～15 cm土层单位根长线虫数均在出苗27 d时达到最大值(分别为1.0条/cm、2.6条/cm和3.2条/cm),15～20 cm土层 N_p 值32 d时达到峰值,单位根长线虫数为1.7条/cm。

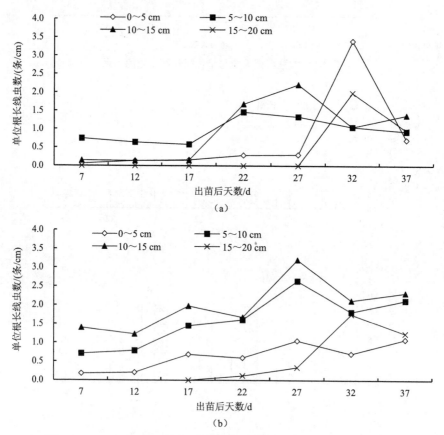

图4-3 2006年和2007年大豆出苗不同天数各土层的单位根长线虫数
(a) 2006年;(b) 2007年

大豆在出苗后 0~37 d 内，同一土层单位根长线虫比例（即单位根长线虫数占根内线虫总数的百分比）差异均不显著，不同土层间该比例差异极显著（$P<0.01$）；5~10 cm 土层单位根长线虫比例最大，平均值为 67.9%（2006 年）和 63.3%（2007 年），其次为 10~15 cm 土层单位根长线虫比例平均值为 15.5%（2006 年）和 27.3%（2007 年），线虫主要集中在 5~15 cm 土层（单位根长线虫比例，2006 年为 81.3%~91.4%，2007 年为 86.6%~97.6%），出苗后 27 d 内，线虫全部集中在 0~15 cm 土层（2006 年 100.0%，2007 年 99.2%~100.0%），出苗后 32~37 d，15~20 cm 土层单位根长线虫比例增加（2006 年为 1.3%~1.7%，2007 年为 5.4%~10.1%）。2006 年，5~10 cm 土层单位根长线虫比例呈下降趋势，0~5 cm、10~15 cm 和 15~20 cm 土层单位根长线虫比例呈上升趋势。大豆出苗 22 d 内，5~10 cm 土层单位根长线虫比例最大（76.0%~92.8%），其次是 0~5 cm 和 10~15 cm 土层，15~20 cm 土层没有检测到线虫；32 d 时 0~5 cm 土层单位根长线虫比例较高，为 54.2%，是由于雨后地表湿润使该土层主根上产生大量幼嫩不定根，刺激孢囊孵化后线虫侵染所致。2007 年，大豆出苗后，0~5 cm 和 5~10 cm 土层单位根长线虫比例呈减少趋势，10~15 cm 和 15~20 cm 土层单位根内线虫比例呈上升趋势。大豆出苗 0~37 d，5~15 cm 土层单位根长线虫比例为 86.6%~97.6%（图 4-4）。

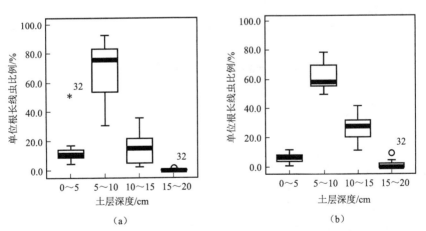

图 4-4　2006 年和 2007 年 4 个土层大豆单位根长线虫比例
（a）2006 年；（b）2007 年
*代表箱线外部值，○代表箱线内部值

大豆苗期根内二龄幼虫（J2）、三龄幼虫（J3）和四龄幼虫（J4）的发育动态，以山东泰安大豆孢囊线虫 4 号生理小种为例（大豆品种为鲁豆 4 号）。2007 年和 2008 年大豆出苗后 37 d 内根内各龄线虫均以 J2 为优势虫态（图 4-5），且出苗后 7 d 可检测到 J2。2007 年出苗后 27 d 时 J2、J3 和 J4 的单位根长线虫数均达到了峰值，分别为 1.58 条/cm、0.55 条/cm 和 0.35 条/cm；2008 年 J2 高峰出现在出苗后 27 d，单位根长线虫数为 1.54 条/cm，J3 和 J4 在 32 d 出现高峰，单位根长线虫数分别为 0.24 条/cm 和 0.18 条/cm。2007 年和 2008 年单位根长 J2 的数量在出苗后 7～27 d 均持续增加，到 27 d 后开始减少，说明 J2 逐渐发育成 J3 和 J4，形成成虫脱落到土壤中。由于线虫孵化时间不一，侵入有早晚，因此，各龄虫态参差不一，造成世代重叠。在整个试验期间均有 J2 存在，并不断发育形成 J3 和 J4。2007 年出苗后 12 d 检测到 J3，17 d 检测到 J4，说明从 J3 发育到 J4 约 5 d。2008 年 J3 和 J4 在出苗后 17 d 被同时检测到。因此，随着地温的升高，线虫的发育进程在缩短，J2 发育到 J3 所需要的时间要长于从 J3 到 J4 的发育时间。

两年试验结果表明（图 4-5，表 4-1），5～15 cm 土层中 J2、J3 和 J4 的比例最高，在 2007 年分别为 93.61%、96.54% 和 80.63%，2008 年分别为 87.25%、89.56% 和 94.54%；其次是 0～5 cm 土层，15～20 cm 土层数量最少。总而言之，大豆出苗后 37 d 内，根内线虫主要分布在 5～15 cm 土层，其占根内线虫总数的 87.7%～90.6%，是线虫的主要活动区域（王振华等，2009）。

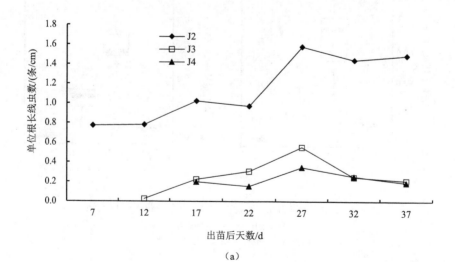

(a)

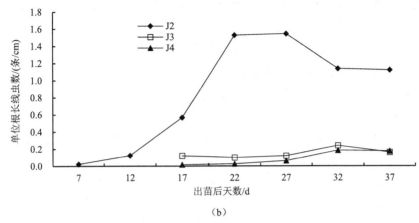

图 4-5 大豆出苗后大豆孢囊线虫 J2、J3 和 J4 在根内的分布动态
(a) 2007 年；(b) 2008 年

表 4-1 不同土层根内不同龄期线虫占各龄期线虫总数的比例

土层/cm	2007 年			2008 年		
	J2/%	J3/%	J4/%	J2/%	J3/%	J4/%
0～5	5.16±3.24 cC*	2.25±0.77 cC	16.99±4.21 bB	11.74±2.91 cC	8.59±2.68 cC	5.03±2.88 cB
5～10	63.89±5.77 aA	62.89±9.80 aA	57.48±3.15 aA	66.60±2.12 aA	63.59±9.55 aA	54.47±7.76 aA
10～15	29.72±7.65 bB	33.65±9.43 bB	23.15±4.30 bB	20.65±4.11 bB	25.97±7.17 bB	40.07±8.78 bA
15～20	1.23±0.42 cC	1.21±0.94 cC	2.38±0.63 cC	1.01±0.16 dD	1.85±0.87 cC	0.43±0.14 cB

注：同一列数据后不同大、小写字母分别表示在 0.01 和 0.05 水平上差异显著

大豆孢囊线虫完成第一代时间的确定（以山东泰安为例）。2007 年在出苗后 27 d 检测到成熟雌虫，2008 年在出苗后 22 d 检测到成熟雌虫。说明在该地区的土壤温湿度条件下，大豆孢囊线虫（4 号生理小种）完成第一个生活史需要 22～27 d，但其只代表部分较早侵入和发育较快线虫完成其生活史所需要的时间，不能代表线虫的一个发生世代。计算大豆孢囊线虫发生的世代数通常根据二龄幼虫、三龄幼虫比例出现高峰的次数和孢囊数量占雌虫、孢囊总数比例出现高峰的次数来计算（周书麒等，1984）。2007 年和 2008 年二龄幼虫、三龄幼虫比例的高峰出现在出苗后 22 d，分别为 90.8% 和 100.0%；孢囊数量占雌虫、孢囊总数比例高峰出现在 37 d，分别为 34.0% 和 24.9%。发育进程中只要条件适宜，四龄幼虫会很快发育成成虫并脱离根外，试验时只检查了根部的成熟雌虫，不包括成熟后脱落到土壤中的成熟雌虫，37 d 前成熟雌虫有可能大量脱离根部，造成比例峰值向前推移。在该地

区的试验条件下，2007年温度为20.0℃，2008年温度为22.2℃，大豆孢囊线虫完成第一个世代的时间为22～37 d，即3～5周（王振华等，2009）。

大豆孢囊线虫的季节变化。大豆孢囊线虫的群体密度受很多环境因素和寄主植物的影响。最重要的环境因素是温度，因此，不同地理位置群体的密度有变化。在美国明尼苏达州，4月份土壤融化温度上升，二龄幼虫开始孵出，播种大豆后由于大豆根系分泌物的刺激，二龄幼虫数量增加，二龄幼虫孵出使卵的密度下降，一直到6月末或7月初，当第一代雌虫成熟产卵，卵的数量才增加（在感病品种上）。从7月末或8月初一直到大豆生长季节结束，卵的群体密度迅速增加（图4-6）。

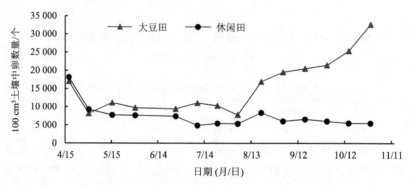

图4-6　2008年明尼苏达州感病品种大豆田和休闲田大豆孢囊线虫卵密度的季节变化
图及数据由美国明尼苏达大学陈森玉教授提供（Chen et al.，2011）

参 考 文 献

陈金堂，李知，1981. 为害地黄的大豆孢囊线虫的初步研究[J]. 植物病理学报，11(1)：37-43.

董晋明，1988. 山西省大豆孢囊线虫病研究进展[J]. 山西农业科学，(2)：31-34.

李惠霞，柳永娥，魏庄，等，2012. 新疆和西藏发现禾谷孢囊线虫[M]//廖金铃，彭德良，段玉玺，等. 中国线虫学研究（第四卷）. 北京：中国农业科学技术出版社.

李克梅，日孜旺古丽，董艳秋，2014. 新疆大豆孢囊线虫病的初步研究[J]. 植物保护，40(2)：132-134.

李秀侠，王振华，时立波，等，2008. 大豆根内大豆胞囊线虫的时空动态研究[J]. 作物学报，34(12)：2190-2195.

刘大伟，陈立杰，段玉玺，2013. 大豆胞囊线虫胁迫下不同抗性大豆杂交后代根系蛋白质组分析[J]. 华北农学报，28(5)：29-33.

刘大伟，马朝旺，段玉玺，2014. 辽宁省大豆胞囊线虫病发生分布研究[J]. 吉林农业科学，39(4)：47-49.

刘汉起，商绍刚，1981. 大豆孢囊线虫病在我省世代的研究[J]. 黑龙江农业科学，(5)：44-47.

刘荆, 李庆端, 1989. 大豆孢囊线虫的发生规律及药剂防治[J]. 江苏农业科学, (6): 24-25.

刘学敏, 武侠, 1988. 吉林省大豆胞囊线虫分布的初步研究[J]. 吉林农业大学学报, 10(2): 16-19.

马志刚, 雷志清, 2008. 大豆孢囊线虫病的发生及防治[J]. 现代农业科技, (23): 152.

山西省大豆孢囊线虫病调查协作组, 1987. 大豆孢囊线虫病在山西省的发生分布、为害程度和寄主范围[J]. 华北农学报, 2(3): 74-79.

宋美静, 朱晓峰, 王东, 等, 2016. 我国大豆主产区大豆胞囊线虫群体分布及致病性分化研究[J]. 大豆科学, 35(4): 630-636.

王存晋, 1981. 大豆胞囊线虫病发生及防治研究初报[J]. 辽宁农业科学, (3): 25-53.

王秋荣, 陈申宽, 闫任沛, 等, 2001. 呼伦贝尔盟大豆胞囊线虫病发生危害与综合防治技术研究[J]. 内蒙古农业科技, (6): 29-32.

王全亮, 刘国华, 2001. 襄汾县大豆胞囊线虫的发生规律及防治技术研究[J]. 植保技术与推广, 21(11): 15-17.

王振华, 时立波, 吴海燕, 等, 2009. 大豆根内胞囊线虫发育进程及分布[J]. 中国农业科学, 42(9): 3147-3153.

吴传德, 林秀花, 王炳太, 1991. 潍坊地区夏大豆胞囊线虫病的发生与防治[J]. 山东农业科学, (3): 49-50.

徐桂芬, 周贵发, 1990. 大豆孢囊线虫病的发生与防治研究[J]. 中国植保导刊, (2): 1-6

张俊立, 彭德良, 曹克强, 2005. 河北省大豆孢囊线虫分子鉴定及其分布[J]. 植物保护, 31(1): 40-43.

张磊, 1986. 安徽省大豆胞囊线虫病的发生情况与防治措施研究[J]. 安徽农业科学, 3(2): 54-58.

赵经荣, 邢邯, 战明奎, 1990. 山东省大豆胞囊线虫病发生与防治概况[J]. 植物保护, 16(5): 49.

周书麒, 王振荣, 葛芳玉, 等, 1984. 淮北地区夏大豆的大豆孢囊线虫发生世代的初步研究[J]. 安徽农业科学, 1(19): 52-54.

朱知运, 包河军, 董汉文, 等, 2002. 大豆胞囊线虫病的发病规律及其预防措施[J]. 内蒙古农业科技, (4): 7-8.

Chen S Y, 2011. Soybean Cyst Nematode Management Guide[M]. St Paul: University of Minnesota Extension.

Lu W G, Gai J Y, Li W D, 2006. Sampling survey and identification of races of soybean cyst nematode (*Heterodera glycines* Ichinohe) in Huang-Huai valleys[J]. Agriculture Sciences in China, 5(8): 615-621.

Peng D L, Peng H, Wu D Q, et al., 2016. First report of soybean cyst nematode (*Heterodera glycines*) on soybean from Gansu and Ningxia China[J]. Plant Disease, 100(1): 229.

Shi H, Zheng J, 2013. First report of soybean cyst nematode (*Heterodera glycines*) on tobacco in Henan, Central China[J]. Plant Disease, 97(6): 852-852.

Wang D, Duan Y X, Wang Y Y, et al., 2015. First report of soybean cyst nematode, *Heterodera glycines*, on soybean from Guangxi, Guizhou, and Jiangxi Provinces, China[J]. Plant Disease, 99(6): 893.

Zheng J, Zhang Y, Li X, et al., 2009. First report of the soybean cyst nematode, *Heterodera glycines*, on soybean in Zhejiang, Eastern China[J]. Plant Disease, 93(3): 319.

第五章 禾谷孢囊线虫生物学

禾谷孢囊线虫（cereal cyst nematode）是危害小麦、大麦、黑麦、燕麦及多种禾本科牧草的世界性重要病原线虫。禾谷孢囊线虫属于垫刃目（Tylenchida）垫刃亚目（Tylenchina）异皮科（Heteroderidae）异皮线虫属（*Heterodera*），危害小麦引起小麦孢囊线虫病。小麦孢囊线虫病是小麦生产上的一类重要病害，严重威胁我国小麦生产和粮食安全。线虫侵染易感染的禾谷类作物根部，并迅速繁殖，使作物根系变成球状瘤节，抑制作物的生长，从而影响作物产量。

禾谷孢囊线虫广泛分布于世界各禾谷产区，自1874年在德国首次报道，相继在西欧几国发现。20世纪先后在英国、苏联、意大利、澳大利亚和美国发现。目前已知大洋洲、欧洲、美洲、亚洲、非洲五大洲，包括澳大利亚、加拿大、以色列、南非、日本、多数欧洲国家、印度、中国、摩洛哥、突尼斯、利比亚、巴基斯坦、伊朗、土耳其、阿尔及利亚和沙特阿拉伯等50多个国家均有发生，严重影响小麦的产量和质量（Nicol & Rivoal，2008）。在我国，*Heterodera avenae* 相继在湖北、河南、北京、陕西、青海、内蒙古、河北、山西、安徽、山东、甘肃、江苏、宁夏、天津、新疆和西藏16个省（自治区、直辖市）发现，危害小麦面积400万 hm^2 以上，直接威胁我国小麦生产的安全（Wu et al.，2014）。

在田间，麦类受禾谷孢囊线虫危害后早期即有表现，禾谷孢囊线虫主要危害小麦根系，造成植株地上部分发育不良，植株矮化，生长衰弱，分蘖明显减少，叶片由下向上逐渐黄化，形成大量干尖，类似缺肥缺素等生理失常的症状（图5-1）。次级病原物（如 *Rhizoctonia solani*）和病理胁迫也可加重一些症状的表现。严重危害后，被害植株成穗少，穗小粒少，产量下降。地下部受害较轻时根系数量减少。不同麦区出现白色雌虫的时间略有差异，在山东省，小麦扬花期以后，在小麦根部可见白色孢囊或褐色孢囊（图5-2）。

图 5-1　禾谷孢囊线虫 *H. avenae* 群体危害冬小麦后出现的矮化症状（后附彩图）

2009 年河南省许昌小麦田

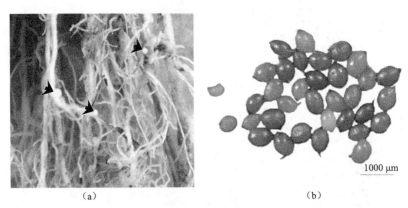

(a)　　　　　　　　　　　　　(b)

图 5-2　小麦根系上的白色孢囊及脱落到土壤中的新鲜褐色孢囊（后附彩图）

(a) 白色孢囊；(b) 褐色孢囊

一、禾谷孢囊线虫形态学特征

以 *H. avenae* 群体为例。

孢囊：柠檬形（图 5-3a），在同一个土样中同时存在褐色和白色孢囊，白色孢囊内有大量受精卵；阴门锥明显，膜孔为双半膜孔（图 5-3b），近圆形，阴门锥下方有大量泡状突分布（图 5-3c），阴门裂长度较小，为 11.6～12.2 μm，阴门下桥不明显。

二龄幼虫：蠕虫形，唇区圆，缢缩，有 2～4 个环纹。体环明显，口针基部球前缘向前突出或持平，中食道球明显（图 5-3e、图 5-3f），有较大瓣门；

尾端骤尖，有较长的透明区，尾部透明区长度 44.6±3.3（37.5~54.0）μm，尾末端稍钝（图 5-3d）。

卵：有受精卵和未受精卵两种形态（图 5-3g）。山东滨州群体、山东菏泽群体（刘维志等，2005）和英格兰群体（Williams & Siddiqi，1972）形态学特征测量值见表 5-1，禾谷孢囊线虫及其相近种孢囊线虫孢囊形态学特征比较见表 5-2（Mulvey，1972；Madzhidov，1981；Cook，1982；Maqbool & Shabina，1986；郑经武等，1996）。

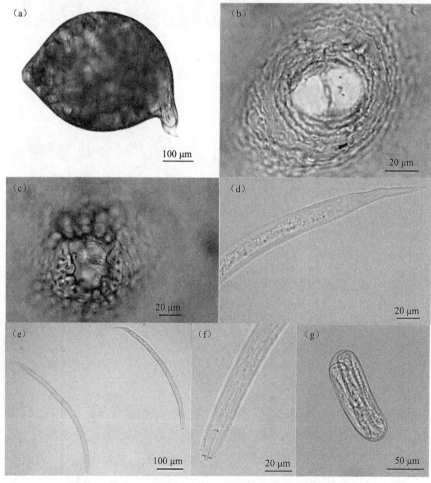

图 5-3　山东滨州 *H. avenae* 群体形态学特征（后附彩图）

(a) 孢囊；(b~c) 阴门膜孔和阴门裂；(d~e) 二龄幼虫的尾部和前体部；(f) 二龄幼虫；(g) 卵

表 5-1 不同地区 *H. avenae* 群体形态学特征测量值

测量项目	滨洲群体	菏泽群体	英格兰群体
孢囊/个	$n=15$	$n=11$	—
体长/μm	542.8（415.0~677.2）	641.5（420.0~830.0）	710
体宽/μm	360.3（277.7~444.1）	427.5（320.0~534.0）	500
膜孔长/μm	21.9（16.7~30.3）	21.5（12.0~27.5）	—
膜孔宽/μm	16.5（10.3~20.0）	18.0（10.0~23.5）	—
阴门裂长/μm	8.8（7.0~11.6）	11.9（10.5~15.0）	12~13
二龄幼虫/个	$n=71$	$n=39$	—
体长/μm	532.1（479.6~577.3）	582.0（516.0~662.0）	510~610
体宽/μm	20.3（18.3~24.6）	22.4（20.5~29.0）	20~24
DGO*/μm	5.2（2.4~8.6）	5.0（3.7~6.5）	—
AM**/μm	72.0（60.4~80.5）	77.0（66.0~87.0）	—
口针长/μm	21.8（18.4~24.0）	26.3±0.9	27（24~28）
尾长/μm	64.8（54.6~73.1）	71.3（37.5~87.0）	45~70
透明尾长/μm	38.9（33.4~45.7）	44.6（37.5~54.0）	—
卵/个	$n=109$	—	—
体长/μm	128.8（105.1~141.0）	128.0（114~160）	120
体宽/μm	49.6（43.6~55.4）	43.8（41.0~60.0）	56

*为背食道腺开口至口针基部球末端的距离；**为中食道球至头部顶端的距离

表 5-2 禾谷孢囊线虫与其他孢囊线虫孢囊的形态学特征比较

种名	孢囊形状	膜孔类型	下桥	泡状突
燕麦孢囊线虫（*H. avenae*）	柠檬形	双膜孔型	无	存在
菲利普孢囊线虫（*H. filipjevi*）	柠檬形	双膜孔型	存在	存在
宽阴门桥孢囊线虫（*H. latipons*）	柠檬形	双膜孔型	存在	无
大麦孢囊线虫（*H. hordecalis*）	柠檬形	双膜孔型	存在	无
双膜孔孢囊线虫（*H. bifenestra*）	柠檬形	双膜孔型	无	无
龙爪稷孢囊线虫（*H. delvii*）	柠檬形	双半膜孔型	存在	无
玉米孢囊线虫（*H. zeae*）	柠檬形	双半膜孔型	存在	存在
巴基斯坦孢囊线虫（*H. pakistanensis*）	柠檬形	双半膜孔型	无	无
刻点孢囊线虫（*Punctodera punctata*）	梨形	周膜孔型	无	无
剪股颖孢囊线虫（*H. iri*）	—	双膜孔型	存在	存在
稀少孢囊线虫（*H. mani*）	—	双膜孔型	存在	存在

二、禾谷孢囊线虫生活史

不同生态条件、不同种类的孢囊线虫，侵染规律有差异。河南郑州燕麦孢囊线虫（H. avenae）和菲利普孢囊线虫（H. filipjevi）两群体侵染动态研究显示，H. filipjevi 三龄幼虫、四龄幼虫及白色雌虫出现的时间均比 H. avenae 的早一周（袁虹霞等，2014）。在山东泰安地区，H. avenae 群体完成一个生活史需 83～99 d（Wu et al.，2014）。

禾谷孢囊线虫在作物生长季节只完成一代生活史（图 5-4）。线虫在孢囊内部卵中蜕皮形成二龄幼虫，在田间条件下，土壤温度条件适宜时，经历一段潮湿、凉爽的阶段后，侵染性的二龄幼虫孵出并进入土壤，二龄幼虫向根部移动，通过推动口针穿刺幼根根尖表皮细胞，进入根内并在内皮层和中柱鞘韧皮部附近建立取食位点，线虫注射分泌物到细胞质，诱导产生合胞体，线虫通过合胞体摄取营养，经过生长发育及 3 次蜕皮，从二龄幼虫发育到三龄幼虫、四龄幼虫和成熟雌虫。雌虫固着不动继续取食，雄虫恢复活动，当成熟的雌虫突破寄主根表皮暴露在土壤环境时，雄虫离开根系进入土壤，与雌虫交配，白色雌虫虫体膨大，含有 100～600 个受精卵，肉眼可见根系上白色雌虫。雌虫成熟后产卵死亡，落入土中，随时间的推移变成褐色孢囊（Smiley，2016）。

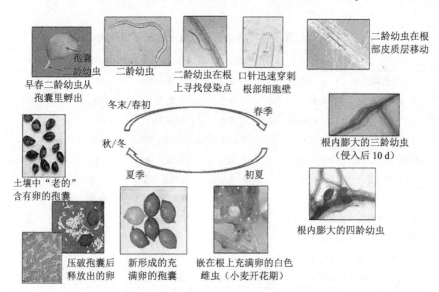

图 5-4　H. avenae 和 H. filipjevi 的生活史（后附彩图）
引自俄勒冈州立大学 Richard Smiley 博士（Smiley，2016）

三、禾谷孢囊线虫孵化特性

掌握禾谷孢囊线虫的孵化特性对其病害的防治非常必要。生产上可避开其二龄幼虫孵化高峰，提前或推迟播种来降低危害（Nicol & Rivoal，2008；王燕等，2008），也可以通过抑制孵化达到防病增产的目的。

温度是影响孵化的一个重要生态因子。通过改变温度条件，可以诱导或抑制禾谷孢囊线虫的休眠。不同地区禾谷孢囊线虫孵化特点存在差异。在地中海气候条件下，幼虫在秋季至早春期间侵染，有时受气候条件的影响，当年气温低且有雪时，二龄幼虫在翌年春天土壤温度升高时大量孵出（Nicol & Rivoal，2008）。

国外一些报道中提出孵化的最佳温度为 10~15℃（Fushtey & Johnson，1966；Williams & Beane，1979），但法国有一小种 Frl 和西班牙群体孵化最适温度为 5℃（Rivoal，1983；Valdeolivas et al.，1991）。国内关于孵化的研究中，湖北天门的群体孢囊在 9~12℃时孵出幼虫总数多，较适宜的孵化温度为（15±1）℃（王明祖和颜家坤，1993）；河南、河北及北京市房山区群体，孢囊需经 5~7℃低温处理 30 d 以上才能孵出，低温处理后转入稍高温度（15~25℃）可使二龄幼虫短期内大量孵出（张东升等，1996）；山西太谷群体离体条件下，滞育期孢囊经 5℃低温预处理 4 周转入 15℃孵化温度即有幼虫孵出。孵化适宜 pH 为 6，干燥不利于幼虫的孵化（郑经武等，1997b）。

郑经武等（1997b）发现小麦根分泌物不能解除 *H. avenae* 群体的滞育，对处于滞育状态线虫的孵出也无明显的刺激作用。吴绪金等（2009）的试验也表明，小麦对 *H. avenae* 群体的抗性与根系分泌物无明显相关性。

Jing 等（2014）研究表明，连续 12 个月（2010 年 9 月至 2011 年 8 月）采自泰安地区的 *H. avenae* 群体孢囊，在 15℃条件下进行孵化，除了 4 月和 5 月由于土壤中孢囊内没有卵而无二龄幼虫孵出外，其他月份所采样品的孢囊均有二龄幼虫孵出，最大孵化率出现在 3 月，为 86.3%，其次是 1 月、2 月、12 月和 11 月，孵化率分别为 84.5%、79.3%、50.6%和 27.3%，且显著高于 6 月、7 月、8 月、9 月和 10 月土壤中孢囊孵化率（$P<0.05$）。但在孵化试验进行 62 d 后，孢囊里仍有一些卵和二龄幼虫。孢囊内剩余的卵和二龄幼虫有很大的差异，9 月至 10 月和 5 月至 8 月，显著高于 11 月至翌年 4 月，单个孢囊剩余卵量在 8 月最高，为 165.8 个；单个孢囊剩余卵量从 11 月至翌年 4 月

明显下降，从每个孢囊63.9个下降到0；1月、2月和3月的样品中只有很少卵剩余在孢囊内。12月份的样品中孵化后剩余的二龄幼虫最多（图5-5）。

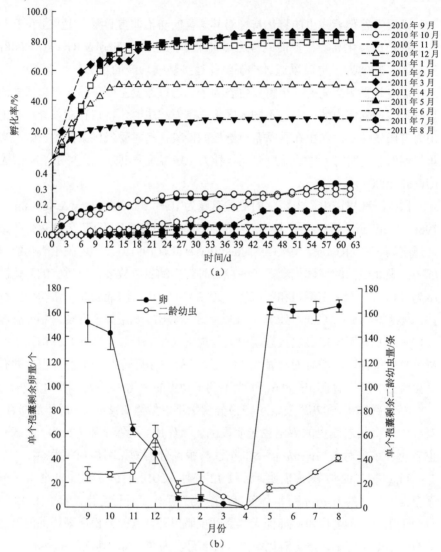

图5-5 *H. avenae* 孢囊的孵化率及孵化后孢囊内剩余卵和二龄幼虫数量
(a) 2010年9月至2011年8月的孵化率；(b) 孵化试验结束后孢囊内剩余卵和二龄幼虫数量
图中误差为标准误差

在自然感病地块连续12个月的土壤样品中，孢囊内卵的数量有显著差异。2010年9~11月及2011年5~8月，平均每个孢囊有170和200个卵，从2010年12月至2011年4月因为有线虫不断孵出，孢囊内卵的数量逐渐减少；而孢囊内二龄幼虫的数量除了4~6月较少，其他样品的孢囊中二龄幼虫数量没有显著差异，4月样品的孢囊内二龄幼虫数量最少，平均每个孢囊内有二龄幼虫0.3~0.6条（图5-6）。土壤中二龄幼虫数量变化较大，从冬小麦播种（2010年10月）到越冬期（2011年2月）很少，100 cm³土壤中有16~104条二龄幼虫，3月是二龄幼虫出现高峰，100 cm³土壤中有740.7条，5~8月土壤中二龄幼虫数量均很少（图5-7）。

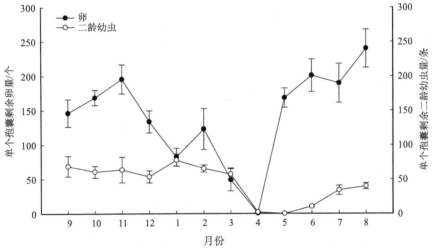

图 5-6　自然感病地块连续 12 个月土壤 H. avenae 孢囊中卵和二龄幼虫的数量变化

图中误差为标准误差

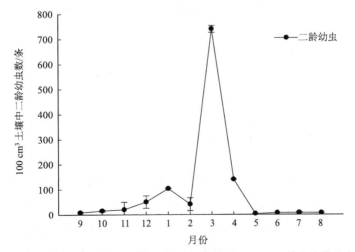

图 5-7　自然感病地块连续 12 个月土壤中 H. avenae 二龄幼虫数量变化

图中误差为标准误差

四、禾谷孢囊线虫寄主植物

禾谷孢囊线虫主要侵染旱地禾本科植物，已知有40多种作物或杂草受其危害。在我国已知禾谷孢囊线虫可侵染小麦、裸大麦、米大麦、家燕麦、野燕麦、黑麦、黑麦草、鹅冠草、苇状羊茅、球茎草庐、鸭茅、狗尾草、紫羊茅、牛尾草等，可侵染玉米但很难完成生活史（王振跃等，2005）。王明祖等（1996）研究了禾谷孢囊线虫 H. avenae 群体的寄主范围，该群体能侵染长江中游地区栽种的小麦、裸大麦、米大麦、家燕麦、野燕麦、黑麦草、鹅冠草、苇状羊茅、球茎草庐、鸭茅等10种禾本科作物和牧草，各作物和牧草的感染率差异不显著；不侵染非禾本科牧草红三叶草和紫苜蓿。

五、禾谷孢囊线虫种类

禾谷类孢囊线虫由12个已知种及几个未知种组成。经济上最重要的是 H. avenae、H. latipons 和 H. filipjevi 3个种（Nicol et al.，2003）。H. avenae 是温带作物上为害最严重的种，且呈全球性分布，但大多数集中在欧洲及加拿大、澳大利亚和印度。其他种包括在瑞典、德国、英国发现的 H. hordecalis；在印度、巴基斯坦、伊拉克发现的 H. zeae、H. mani、H. bifenestra、H. pakistanensis、H. arenaria、H. pratensis 及侵染谷物和杂草的 Punctodera punctata（高军等，2007）。关于 H. avenae 的研究集中在欧洲及加拿大、澳大利亚和印度。我国国内发现并报道的禾谷孢囊线虫多数为 H. avenae（陈品三等，1991；郑经武等，1996）。彭德良等的研究中鉴定了河南许昌、临颍、卫辉、延津地区，以及安徽宿州危害小麦的孢囊线虫为 H. filipjevi，这是我国首次报道 H. filipjevi 危害小麦（Peng et al.，2010）。

六、禾谷孢囊线虫的传播与危害

禾谷孢囊线虫雌虫成熟后产卵死亡，落入土中，随着时间的推移变成褐色孢囊。孢囊中的卵可存活数年，以孢囊的形态在土壤中越冬或越夏。禾谷孢囊线虫的主要传播途径是土壤传播，同时随农用机械、农事操作物具、人、畜、水流等的传带可作近距离的传播，暴雨冲刷可造成其远距离传播。在澳大利亚大风刮起的尘土是该线虫远距离传播的重要媒介。*H. avenae* 造成的危害是制约印度北部、澳大利亚南部小麦、大麦产量增长的主要因素（Nicol & Rivoal，2008）。农业机械的跨区作业和水流是禾谷孢囊线虫传播、扩散的重要途径，对农用机械、麦田翻耕后田间及其周边流水中禾谷孢囊线虫的孢囊数量进行研究，结果显示收割机、旋耕机和播种机上土样的孢囊检出率分别为 27.1%、51.6%和 44.0%，麦稻轮作的病田中，浪渣的孢囊检出率为 58.3%，翻耕后麦田积水、沟渠和小河流中的孢囊检出率分别为33.3%、22.7%和 7.7%（汪涛等，2012）。

印度的资料显示，每克土壤中含有 10 个卵时，每公顷小麦产量损失 188 kg，大麦产量损失 75 kg（Dixon，1969）。*H. avenae* 在巴基斯坦造成小麦产量损失 15%～20%（Maqbool，1988）；在沙特阿拉伯造成小麦产量损失 40%～92%，大麦产量损失 17%～77%（Ibrahim et al.，1999）；在澳大利亚造成小麦产量损失 20%，大麦产量损失 23%～50%（Meagher，1972）；造成太平洋西北部的俄勒冈州春小麦产量损失 24%（Smiley et al.，2005）。*H. avenae* 曾在欧洲、澳大利亚分别造成 300 万英镑、7200 万澳元的巨额经济损失（Wallace，1965；Brown，1981）。

七、禾谷孢囊线虫的致病型

禾谷孢囊线虫的生物学特性是复杂的,种内存在明显的致病型分化现象。几个种甚至一个种都可能构成不同致病型。致病型分化是该类线虫在禾谷类作物某一品种或某一种上繁殖能力的差异。在中国，目前只发现了 *H. avenae* 和 *H. filipjevi*，在美国太平洋西北地区（Pacific Northwest，PNW）、欧洲和中东一些地区发现，这两个种混合或者一种的几个致病型发生在同一个地区甚至同一田块。禾谷孢囊线虫致病型的鉴别主要是利用特定的大麦、燕麦、小麦品种进行寄主鉴别（Andersen & Andersen，1982；Nicol et al.，2008）。目前世界上已正式命名的致病型有 13 个，分别为 Ha11、Ha21、Ha31、Ha41、Ha51、Ha61、Ha71、Ha81、Ha12、Ha22、Ha13、Ha23 和 Ha33。除此之外，仍有新的致病型被发现。另外尚有许多线虫群体对国际标准鉴别寄主的反应与正式命名的致病型存在差异（欧师琪和彭德良，2008）。

郑经武等（1997a）应用国际标准鉴别寄主 A 组的 11 个品种，鉴定中国山西太谷和安徽固镇的两个 *H. avenae* 群体的致病型，结果指出这两个地区基本属于一个致病型，与已命名的 13 个致病型不同，致病谱不宽，与瑞典的致病型相似。彭德良等（2003）用 *Alu*I 和 *Rsa*I 酶切 ITS 扩增产物证明中国禾谷孢囊线虫 ITS 属于"B 型"，与欧洲报道的禾谷孢囊线虫"A 型"有很大的差异。这说明中国的禾谷孢囊线虫是一类新的致病型。

八、禾谷孢囊线虫致病条件及其病害控制

1. 致病条件

禾谷孢囊线虫对寄主种类及品种的致病性有差别。除寄主作物的抗病性之外，线虫的分布还与土质有关。在英国，禾谷孢囊线虫在轻砂性土、贫瘠土壤和缺少有机质的白垩土中分布最多，为害也最重。另外，该线虫广泛分布于不同气候条件下的区域，包括欧洲西北部、地中海地区、北美洲（尤其是加拿大、美国加利福尼亚）、印度、新西兰、澳大利亚、日本。*H. avenae* 像其他孢囊线虫一样，通过土壤传播非常慢，暴雨和径流等人为活动能够加速传播。干燥的澳大利亚南部，此线虫广泛分布是由于汹涌的尘暴中夹带孢囊的传播。而南澳大利亚州一些地区缺乏这种线虫主要是由于黏重土壤不适宜线虫的发育。

2. 病害控制

（1）土地休闲和轮作

长期的休闲可以降低田间线虫群体密度，但由于禾谷孢囊线虫的寄主范围较广，许多禾本科杂草都是其寄主，不易根除；另外长期的休闲在经济上的损失也较大。通过播种非寄主植物（豌豆、三叶草和苜蓿等）也可降低孢囊线虫的田间群体密度（郑经武，1995）。前茬作物不同，线虫为害程度不同，前茬作物为玉米的线虫为害较重，豆科及其他双子叶植物线虫为害较轻（毕全贞，2008）。在欧洲，以 4 年的轮作来控制线虫的发生，但多数热带和亚热带国家的经济条件不允许这种长期的轮作（Nicol & Rivoal，2008）。

（2）选育、利用抗病、耐病品种

抗病、耐病品种的选育和利用是防治禾谷孢囊线虫病最经济有效的方法。一方面可以降低寄主植物上线虫的繁殖，稳定作物的产量。另一方面，抗病、耐病品种的使用不需要额外的设备和成本。种植抗病、耐病品种可将土壤线虫数量减少 50%～60%（张万民等，2002）。*H. avenae* 曾在澳大利

亚造成价值 7200 万澳元的产量损失，通过培育和推广抗病品种有效地控制了该病，产量损失大大减少（Brown，1981；Nicol & Rivoal，2008）。杨卫星等（2007b）对黄淮麦区大面积推广或新选育的小麦品种（系）及部分国外抗病小麦品种（系）对禾谷孢囊线虫病的抗性进行了鉴定和评价，表明无论是田间自然病圃鉴定，还是室内人工接种鉴定，小麦品种对禾谷孢囊线虫病的抗性均存在显著差异，说明利用品种抗性防治该病是可行的。

H. avenae 的抗性资源主要是小麦的野生亲缘属粗山羊草属（*Aegiops*）（Nicol & Rivoal，2008）。国内外正在利用生物技术培育抗禾谷孢囊线虫病的品种，并已培育出了一些较好的抗病或耐病品种，如 Katyil、Molineux、Kellalac、Aus18912、Aus18914、CD01、豫麦 2 号等（王振跃等，2005）。此外，*Triticum ventricosum* 和 *T. variable* 等种中都存在对禾谷孢囊线虫病的抗病基因（郑经武，2001）。王振跃等（2006）对国外引进的部分种质材料和品种进行了抗禾谷孢囊线虫病的鉴定，其中 CD01 和 CD1234 两个品种感病最轻，增产效果最明显，可在病区推广种植，或作为抗病亲本材料选用。目前国内种植的小麦品种中未发现高抗和免疫的品种。太空 6 号、温麦 4 号、矮抗 58、新麦 11、新麦 9-998 等品种具有一定的抗性（王燕等，2008；吴绪金等，2009）。在印度，小麦品种 Raj MR-1 对该地区的 *H. avenae* 有抗性（高军等，2007）。

H. avenae 为害小麦后，致使植株产根量增加。吴绪金等（2009）在抗禾谷孢囊线虫病机制的研究中发现，不同抗病、感病的小麦品种根系形态存在一定的差异，品种抗性与侧根数量呈负相关，抗病品种侧根数量比感病品种少；在苗期和分蘖期，感病品种侧根横切面表皮的薄壁细胞圆形，细胞间的空隙大、排列疏松；抗病品种侧根横切面表皮的薄壁细胞圆形、椭圆形或方砖形，细胞间的空隙小、排列较紧。可为抗病品种的选育及生产上防治该病害提供依据。

（3）化学防治

对于该病的防治生产上仍以化学药剂为主。杨卫星等（2007a）对 9 种常用杀线虫剂进行药效试验，通过研究发现，15%涕灭威颗粒剂防病和增产效果较好，其次是 5%线敌颗粒剂和 10%福气多颗粒剂。在安徽、河南、河北三省，用涕灭威防治禾谷孢囊线虫病能减少 10%～40%的损失（Peng et al.，2007）。但防治和增产效果较好的均为高毒药剂，而中毒和低毒药剂效果均不理想（吴绪金等，2007）。化学农药的使用带来了一系列的副作用,如破坏土壤生态,造成次要病害,污染水源及土壤,药剂残留引起人畜的中毒及植物产生抗药性,等等。因此,化学防治受到一定程度的限制,不被提倡。

(4) 生物防治

目前,一些生物制剂已用于禾谷孢囊线虫的防治,包括 Pasteuria penetrans、Paecilomyces lilacinus 及一些相似的产品。从长远来看,生防制剂是发展的方向并且有着广阔的前景。应用于生物防治的真菌研究工作开展的较早,20世纪80年代,研究表明,尽管谷物单作,由于寄生性真菌的存在,H.avenae 种群数量仍保持在经济阈值以下。但大面积的田间试验发现,利用这些真菌形成抑制线虫的土壤,却很难将种群数量控制在经济阈值以下(高军等,2007)。张万民等(2002)研究发现,在施入生防菌制剂"豆丰一号"的土壤中,土壤中有机质成分有所增加,促进了非植物寄生线虫特别是腐生线虫种群的增长,与植物寄生线虫竞争生态位,最终使植物寄生线虫群体数量降低。目前有关孢囊线虫生防资源的文献中,主要有生防真菌、生防细菌、放线菌等。Kerry(1988)、Dackman 和 Nerdbring-Hertz(1985)在禾谷作物集约栽培条件下,经过连续13年的观察发现抑病土中厚垣轮枝菌(Verticillium chlamydosporium)和嗜雌线疫霉菌(Nematophthora gynophila)及穿刺巴氏杆菌(Pasleuria penetrans)分布较广,可寄生燕麦孢囊线虫、南方根结、花生根的雌虫和卵。当两种真菌和细菌的寄生水平较高时,田间线虫数量会不断减少;当施用杀菌剂抑制真菌或细菌后,线虫数量随之增加(王汝贤,1993)。

淡紫拟青霉可以寄生孢囊线虫(Heterodera spp.)的卵(刘杏忠等,1991),其培养滤液中还含有杀线虫物质(Cayrol et al.,1989)。现已被应用于线虫的生物防治并制成商品制剂如灭线灵。厚垣轮枝菌(V. chlamydosporium)是欧洲禾谷孢囊线虫衰退的主要原因,禾谷孢囊线虫和大豆孢囊线虫的衰退现象,可能与其存在一定的关系(Stirling & Kerry,1983;Jafree & Muldoon,1989;刘杏忠等,1991)。Kerry 等(1984)研究了 P. chlamydosporia 对燕麦孢囊线虫(H. avenae)的致病性和在土壤中的定殖,结果表明,某些菌株可使燕麦孢囊线虫雌虫数量降低65%,在20℃条件下于自然土中6个月,P. chlamydosporia 存活率可达90%,是比较有潜力的线虫生防菌。由厚垣孢普可尼亚菌(Pochonia chlamydosporium)ZK7菌株开发的商品制剂"必克"也应用于生产上(张飞跃等,2008)。

Backer 等（1988）报道根际细菌蜡状芽孢杆菌（*Bacillus cereus*）、球形芽孢杆菌（*B. sphaericus*）和两株假单胞菌（*Pseudomonas*）对防治南方根结线虫（*Meloidogyne incognita*）、木豆孢囊线虫（*Heterodera cajani*）和燕麦孢囊线虫（*H. avenae*）有效，植株根结数减少，根系增大，根重增加。此外，坚强芽孢杆菌制作成的生防制剂 Bionem 能够防治根结线虫和禾谷孢囊线虫（Dong & Zhang，2006）。有研究利用种子共生真菌和内生细菌来抑制线虫群体（彭德良等，2003）。

关于放线菌在植物寄生线虫防治的应用，主要是灰色链霉菌发酵产生的阿维菌素，其对一些蔬菜根结线虫具有较好的防治效果（陈兵等，2003），但对于禾谷孢囊线虫的防治效果还不清楚。

病毒方面，立克氏体能感染孢囊线虫，但其在防治孢囊线虫方面的报道至今未见（张飞跃等，2008）。另外，叶面喷洒和土壤浇灌消旋-β-氨基-N-丁酸（DL-β-amino-n-butyric acid，BABA）能减少大麦、小麦上 *H. avenae* 的孢囊数量。叶面喷施 8000 mg/L BABA 能减少 90%的孢囊；每隔 10 d 喷施 2000 mg/L BABA，反复多次可有效降低寄生在燕麦和小麦上的 *H. avenae* 孢囊数量。用 125 mg/L BABA 浇灌土壤可降低 *H. latipons* 93%的孢囊；降低 *H. avenae* 43%的孢囊。高浓度的消旋 β-氨基-N-丁酸灌根能抑制其雌虫、雄虫的发育（Oka & Cohen，2001）。

小麦是全球第一大、中国第二大粮食作物，小麦生产在全球粮食安全中具有重要的战略地位。禾谷孢囊线虫是小麦生产上最具威胁性的线虫，已在我国河北、河南、山东、山西、北京、内蒙古、青海、湖北、安徽、陕西、甘肃小麦产区发生危害，严重威胁我国小麦生产和粮食安全。

小麦受禾谷孢囊线虫为害后，地上部表现为植株发黄、分蘖减少、生长不良等非特异性症状，易与黄矮病、施肥不均、缺肥等症状混淆。因此，应引起足够重视，并对植保技术人员和农民普及该病害的基本知识。

该病原种类多，且同一个种的致病型存在差异。同时病原的分布与气候特点、土壤类型相关。幼虫孵化期，若天气凉爽、土壤湿润，降水多时病害发生重；在小麦生长季节出现干旱或早春出现低温寒冷天气时，发病严重；砂壤土及砂土地发病重，土壤肥力差的麦田病害重。由于我国气候多样、土壤类型复杂，应根据当地的自然条件积极选育适合本地区的抗病、耐病品种。加强对该病病原学、流行学及损失预测研究，多开展土壤中病原卵及孢囊数量的检测，对病害的发生做到早发现早治疗，防止病情扩大和蔓延，减少损失。各地植保部门应通力合作，发挥各自的优势，掌握本地区禾谷孢囊线虫的发生和分布规律，各研究部门积极开展生物防治方面的研究，并挖掘本地区抗禾谷孢囊线虫的小麦种质资源，为抗病品种的选育和利用提供支持。

参 考 文 献

毕全贞, 2008. 小麦胞囊线虫的发生及防治[J]. 河南农业, (7): 17.

陈兵, 韩佩娥, 朱凤香, 等, 2003. 生物农药阿维菌素防治果蔬根结线虫病试验[J]. 浙江农业科学, 1(2): 87-89.

陈品三, 王明祖, 彭德良, 1991. 我国小麦禾谷孢囊线虫（Heterodera avenae Wollenweber）的发现与鉴定初报[J]. 中国农业科学, 24(5): 89.

高军, 王朝华, 张书敏, 2007. 小麦禾谷胞囊线虫病研究进展[J]. 中国植保导刊, 27(5): 10-13.

李明立, 华尧南, 2002. 山东农业有害生物[M]. 北京: 中国农业出版社: 369-371.

刘维志, 2004. 植物线虫志[M]. 北京: 中国农业出版社.

刘维志, 刘修勇, 栾兆杰, 2005. 山东省菏泽市郊麦田发现燕麦胞囊线虫（Heterodera avenae）[J]. 青岛农业大学学报（自然科学版）, 22(4): 266-269.

刘杏忠, 张东升, 武修英, 等, 1991. 定殖于大豆孢囊线虫孢囊内真菌的初步研究[J]. 中国农业大学学报, 17(3): 87-91.

欧师琪, 彭德良, 2008. 禾谷孢囊线虫（Heterodera avenae）生物学特性及防治方法的研究进展[J]. 中国线虫学研究, 2: 281-285.

彭德良, Subbotin S, Moens M, 2003. 小麦禾谷胞囊线虫（Heterodera avenae）的核糖体基因（rDNA）限制性片段长度多态性研究[J]. 植物病理学报, 33(4): 323-329.

彭焕, 李新, 崔江宽, 等, 2015. 安徽首次发现菲利普孢囊线虫（Heterodera filipjevi）为害小麦[C]//陈万权. 病虫害绿色防控与农产品质量安全. 北京: 中国农业科学技术出版社.

冉永正, 张振诚, 王翠萍, 等, 2007. 济南地区小麦田小麦胞囊线虫的发生及调查分析[J]. 植物检疫, 21(2): 118-119.

汪涛, 戚仁德, 吴向辉, 等, 2012. 小麦孢囊线虫病传播扩散途径研究初报[J]. 植物保护, 38(1): 98-100.

王明祖, 雷智峰, 肖炎农, 1996. 小麦禾谷胞囊线虫寄生范围的研究[J]. 植物保护, 22(1): 3-5.

王明祖, 颜家坤, 1993. 小麦孢囊线虫病的研究II. 病原燕麦孢囊线虫的孵化[J]. 华中农业大学学报, 12(6): 561-565.

王明祖, 彭德良, 武学勤, 1991. 小麦孢囊线虫病研究I. 病原鉴定[J]. 华中农业大学学报, 10(4): 352-356.

王汝贤, 1993. 麦类作物线虫病的研究现状及对策[J]. 麦类作物学报, 9(5): 46-48.

王燕, 马明安, 徐伟玲, 等, 2008. 小麦胞囊线虫病发病因素分析及综合防治对策[J]. 中国植保导刊, 28(4): 15-16.

王振跃, 高书峰, 李洪连, 等, 2006. 不同小麦品种（系）对禾谷孢囊线虫病的抗性鉴定[J]. 河南农业科学, 35(5): 50-52.

王振跃, 李洪连, 袁虹霞, 2005. 小麦孢囊线虫病的发生危害与防治对策[J]. 河南农业科学, 34(12): 55.

王振跃, 王守正, 李洪连, 等, 1993. 河南省小麦禾谷孢囊线虫病的初步研究[J]. 华北农学报, 8（增刊）: 105-109.

吴绪金, 杨卫星, 孙炳剑, 等, 2007. 不同药剂处理对小麦禾谷胞囊线虫的防治效果[J]. 河南农业科学, 36（5）: 57-60.

吴绪金, 袁虹霞, 张军锋, 等, 2009. 小麦品种抗禾谷胞囊线虫机制的初步研究[J]. 河南农业科学, 38(1): 73-77.

杨卫星, 袁虹霞, 孙炳剑, 等, 2007a. 不同药剂处理对小麦禾谷胞囊线虫的防治效果及增产效果[C]//彭友良, 康振生. 中国植物病理学会 2007 年学术年会论文集. 咸阳: 西北农林科技大学出版社: 306-307.

杨卫星, 袁虹霞, 孙炳剑, 等, 2007b. 小麦品种（系）对禾谷胞囊线虫抗性鉴定和评价[C]//彭友良, 康振生. 中国植物病理学会 2007 年学术年会论文集. 咸阳: 西北农林科技大学出版社: 313-315.

袁虹霞, 年高磊, 邢小萍, 等, 2011. 鲁豫皖交界地区四个小麦禾谷孢囊线虫群体致病型鉴定[J]. 植物保护学报, 38(5): 408-412.

袁虹霞, 阎海涛, 孙炳剑, 等, 2014. 两种小麦孢囊线虫在河南省郑州的侵染动态比较研究[J]. 植物病理学报, 44(1): 74-79.

张东升, 彭德良, 齐淑华, 1996. 华北平原北部禾谷胞囊线虫的孵化特点[J]. 植物病理学报, 26(2): 158.

张飞跃, 孙炳剑, 李洪连, 等, 2008. 植物寄生线虫生防因子研究进展[J]. 河南农业科学, 37(8): 14-18.

张万民, 段玉玺, 陈立杰, 等, 2002. 施用农用化学品及生防制剂对土壤线虫群落动态影响的研究[J]. 应用生态学报, 13(5): 638-640.

赵洪海, 武侠, 刘维志, 2009. 山东省小麦上燕麦孢囊线虫分布初析[C]//第四届全国小麦禾谷孢囊线虫病学术研讨会论文集: 29.

郑经武, 1995. 澳大利亚的小麦孢囊线虫病及其防治[J]. 世界农业, (3): 36-37.

郑经武, 2001. 麦类作物对燕麦胞囊线虫抗病性遗传研究进展[J]. 沈阳农业大学学报, 32(3): 224-227.

郑经武, 程瑚瑞, 方中达, 1997a. 小麦禾谷胞囊线虫致病型研究[J]. 植物病理学报, 27(4): 309-314.

郑经武, 程瑚瑞, 方中达, 1997b. 燕麦胞囊线虫（*Heterodera avenae* Woll.）孵化特性研究[J]. 浙江农业大学学报, 23(6): 667-671.

郑经武, 林茂松, 程瑚瑞, 1996. 安徽省小麦上两个孢囊线虫群体的鉴定[J]. 江苏农业科学, 12(1): 31-35.

Andersen S, Andersen K, 1982. Suggestion for determination and terminology of pathytypes and genes for resistance in cyst-forming nematodes, especially *Heterodera avenae*[J]. EPPO Bulletin, 12(4): 379-386.

Backer J O, Zavaleta-Mejia E, Colbert S F, et al., 1988. Effects of rhizobacteria on root-knot nematodes and gallformation[J]. Phytopathology, 78(11): 1466-1469.

Brown R H, 1981. Nematode Diseases: Economic Importance and Biology of Cereal Root Diseases in Australia[M]. Amsterdam: Elsevier Inc.

Cayrol J C, Dijan C, Pijarowski L, 1989. Study of the nematicidal properties of the culture filtrate of the nematophagous fungus *Paecilomyces lilacinus*[J]. Revue de Nematologie, 12(4): 331-336.

Cook R, 1982. Cereal and grass host of some gramineous cyst nematodes[J]. EPPO Bulletin, 12, 399-411.

Dackman C, Nerdbring-Hertz B, 1985. Fungal parasites of the cereal cyst nematode *Heterodera avenae* in Southern Sweden[J]. Jounal of Nematology, 17(1): 50-55.

Dixon G M, 1969. The effect of cereal cyst eelworm on spring sown cereals[J]. Plant Pathology, 18(3): 109-112.

Dong L Q, Zhang K Q, 2006. Microbial control of plant-parasitic nematodes: a five-party interaction[J]. Plant and Soil, 288(1-2): 31-45.

Fushtey S G, Johnson P W, 1966. The biology of the oat cyst nematode, *Heterodera Avenae* in Canada. I. the effect of temperature on the hatchability of cysts and emergence of Larvae[J]. Nematologica, 12(2): 313-320.

Ibrahim A A M, Al-Hazmi A S, Al-Yahya F A, et al., 1999. Damage potential and reproduction of *Heterodera avenae* on wheat and barley under Saudi field conditions[J]. Nematology, 1(6): 625-630.

Jaffee B A, Muldoon A E, 1989. Suppression or cyst nematode by natural infestation of a nematophagous fungus[J]. Journal of Nematology, 21(4): 505-510.

Jing B X, He Q, Wu H Y, et al., 2014. Seasonal and temperature effects on hatching of *Heterodera avenae* (Shandong population, China) [J]. Nematology, 16(10): 1209-1217.

Kerry B, 1988. Fungal parasites of cyst nematodes[J]. Agriculture, Ecosystems and Environment, 24(1-3): 293-305.

Kerry B R, Simon A, Rovira A D, 1984. Observations on the introduction of *Verticillium chlamydosporium* and other parasitic fungi into soil for control of the cereal cyst nematode *Heterodera avenue*[J]. Annals of Applied Biology, 105(3): 509-516.

Li H L, Yuan H X, Sun J W, et al., 2010. First record of the cereal cyst nematode *Heterodera filipjevi* in China[J]. Plant Disease, 94(12): 1505.

Madzhidov A R, 1981. New species of *Bidera filipjevi* sp. nov. (Heteroderina: Tylenchida) from Tadzhikistan[J]. Izvestiya Akademii Nauk Tadzhikskoi SSR Otdelenie Biologicheskikh Nauk, 2: 40-44. [in Russian]

Maqbool M A, 1988. Present status of research on plant parasitic nematodes in cereals and food and forage legumes in Pakistan[C]//Saxena M C, Sikora R A, Srivastava J P. Nematodes Parasitic to Cereals and Legumes in Temperate Remi-Arid Regions. Aleppo: International Center for Agricultural Research in the Dry Areas.

Maqbool M A, Shabina F, 1986. New species of cyst nematode *Heterodera pakistanensis* (Nematoda: Heteroderidae) attacking wheat in Pakistan[J]. Journal of Nematology, 18(4): 541-548.

Meagher J W, 1972. Cereal Cyst Nematode (*Heterodera avenae* Woll): Studies on Ecology and Content in Victoria[M]. Victoria: Department of Agriculture: 50.

Mulvey R H, 1972. Identification of *Heterodera* cysts by terminal and cone top structures[J]. Canadian Journal of Zoology, 50(10): 1277-1292.

Nicol J M, Rivoal R, 2008. Global knowledge and its application for the integrated control and management of nematodes on wheat[M]//Ciancio A, Mukerji K G. Integrated Management and Biocontrol of Vegetable and Grain Crops Nematodes. Berlin: Springer: 251-294.

Nicol J, Rivoal R, Taylor S, et al., 2003. Global importance of cyst (*Heterodera* spp.) and lesion nematodes (*Pratylenchus* spp.) on cereals: a review of yield loss studies, populations dynamics and progress of the use of host resistance for nematode control using traditional methods with the application molecular tools[J]. Nematology Monographs and Perspectives, 2: 1-19.

Oka Y, Cohen Y, 2001. Induced resistance to cyst and root-knot nematodes in cereals by DL-β-amino-n-butyric acid[J]. European Journal of Plant Pathology, 107(2): 219-227.

Peng D L, Ye W X, Peng H, et al., 2010. First report of the cyst nematode (*Heterodera filipjevi*) on wheat in Henan Province, China[J]. Plant Disease, 94(10): 1262.

Peng D L, Zhang D, Nicol J M, et al., 2007. Occurrence, distribution and research situation of cereal cyst nematode in China[C]//Scotland, Glasgow: XVI International Plant Protection Conference.

Rivoal R, 1983. Biology of *Heterodera avenae* Woll. in France: II evolution of Fr1 and Fr4 races in long-term experiments: influence of temperature[J]. Revue Nematol, 6(12): 157-164.

Smiley R W, 2016. Cereal Cyst Nematodes Biology and Management in Pacific Northwest Wheat, Barley, and Oat Crops[M]. Corvallis: Oregon State University.

Smiley R W, Whittaker R G, Gourlie J A, et al., 2005. Plant-parasitic nematodes associated with reduced wheat yield in oregon: *Heterodera avenae*[J]. Journal of Nematology, 37(3): 297-307.

Stirling G R, Kerry B R, 1983. Antagonists of the cereal cyst nematode *Heterodera avenae* Woll. in Australian soils[J]. Australian Journal of Experimental Agriculture and Animal Husbandry, 23(122): 318-324.

Valdeolivas A, Romero M D, Muniz M, 1991. Effect of temperature on juveniles emergence of Spanish populations of *Heterodera avenae*[J]. Nematologia Mediterranea, 19(1): 37-40.

Wallace H R, 1965. The ecology and control of the cereal root nematode[J]. Australian Institute of Agricultural Science, 31: 178-186.

Willliams T D, Beane J, 1979. Temperature and root exudates on the cereal cyst-nematode *Heterodera avenae*[J].

Nematologica, 25(4): 397-405.

Williams T D, Siddiqi M R, 1972. *Heterodera avenae*[M]// Wilmott S, Gooch P S, Siddiqi M R, et al. C.I.H. Descriptions of Plant Parasitic Nematodes. Slough: Commonwealth Agricultural Bureau.

Wu H Y, He Q, Liu J, Luo J, et al., 2014. Occurrence and development of the cereal cyst nematode (*Heterodera avenae*) in Shandong, China[J]. Plant Disease, 98(12): 1654-1660.

第六章　禾谷孢囊线虫在中国的生态分布及发生规律

禾谷孢囊线虫在我国分布广泛，多个省（自治区、直辖市）均有报道，如山东、陕西、河南、河北、江苏、安徽、山西、青海、甘肃、北京、内蒙古、宁夏、湖北、天津、新疆和西藏等16个省（自治区、直辖市）（彭德良等，2012；李惠霞等，2012），覆盖了大部分的小麦生产区（袁虹霞等，2014）。禾谷孢囊线虫在不同地区发生规律有所差异，了解其在我国的分布和不同地区的发病规律对禾谷孢囊线虫病的防控具有重要意义。

一、禾谷孢囊线虫在中国不同地区的生态分布及发生规律

1. 禾谷孢囊线虫在安徽省的生态分布及发生规律

安徽省，禾谷孢囊线虫的主要种类是燕麦孢囊线虫（$H.\ avenae$），主要分布在宿州、亳州、淮北、阜阳、蚌埠、淮南等市县（吴慧平等，2010；陶玲等，2012）（表6-1）。另外在安徽宿州的两个样品中检测到菲利普孢囊线虫（$H.\ filipjevi$）（彭焕等，2016）。

表6-1　燕麦孢囊线虫在安徽省的分布

市	县（市、区）
宿州市	砀山县、萧县、灵璧县
亳州市	涡阳县、利县辛、蒙城县
淮北市	濉溪县
阜阳市	界首市、太和县、临泉县、阜南县、颍上县
蚌埠市	怀远县、固镇县、五河县
淮南市	凤台县

在安徽的气候条件下，禾谷孢囊线虫在田间为聚集分布。虽然禾谷孢囊线虫没有对分蘖期的小麦生长造成显著影响，但在小麦的孕穗期能使每株

小麦穗数减少（杨传广等，2008）。在颍上县的麦田监测中发现，J2 对小麦侵染的最早时间为 3 月 18 日，即播种后 151 d。在黄桥镇麦田，对禾谷孢囊线虫 J2 虫口系统调查发现：当年惊蛰（2010 年 3 月 6 日）后禾谷孢囊线虫 J2 集中在 10~20 cm 的土层（陶玲等，2012；俞翔等，2012）。

2. 禾谷孢囊线虫在山东省的生态分布及发生规律

禾谷孢囊线虫在山东省分布广泛，已在 17 个市 70 多个市县发现（杨远永等，2010；赵洪海等，2011；邹宗峰等，2012a；刘崇俊等，2013；赵洪海和丁海燕，2014a）（表 6-2）。

表 6-2 禾谷孢囊线虫在山东省的分布

市	县（市、区）
临沂市	沂水县、郯城县、临沭县
枣庄市	台儿庄区、滕州市
济宁市	微山县、邹城市、兖州区、曲阜市、任城区、嘉祥县
菏泽市	单县、成武县、巨野县、郓城县、曹县、牡丹区、东明县、鄄城县
聊城市	阳谷县、东昌府区、冠县、临清市、高唐县、茌平县
德州市	武城县、平原县、禹城市、齐河县、陵城区、夏津县、临邑县、乐陵市
济南市	历城区、章丘市、济阳县、商河县
泰安市	肥城市、泰山区
莱芜市	莱城区
滨州市	邹平县、博兴县、惠民县、阳信县、无棣县、沾化区、滨城区
东营市	广饶县、利津县
淄博市	桓台县、高青县、临淄区、博山区、张店区、淄川区
日照市	东港区、莒县
潍坊市	诸城市、安丘市、青州市、寿光市、寒亭区、昌邑市、高密市、坊子区、昌乐县、潍城区、奎文区
青岛市	平度市、胶州市、莱西市、即墨区、城阳区、西海岸新区
烟台市	莱阳市、莱州市、招远市、龙口市、牟平区、海阳市、福山区
威海市	乳山市、文登区、荣成市、环翠区

在山东侵染小麦的禾谷孢囊线虫为 *H. avenae*（邹宗峰等，2012b）。胶州市胶东街道办事处罗家庄村的麦田土壤中的禾谷孢囊线虫群体动态如下。

1) 2011~2012 年生长季，土壤中禾谷孢囊线虫 J2 最早出现于 2012 年 3 月 4 日，持续到 5 月 6 日，且于 4 月 1 日出现 1 个数量高峰。最早发现小麦根内 J2 的时间是 2012 年 3 月 19 日,持续到 5 月 19 日,且于 4 月 8 日出现 1 个侵入高峰。3 月中旬至 5 月下旬,小麦根围土壤和根内均能检测到 J2。2012 年 4 月 14 日至 6 月 9 日在根内检出 J3 和 J4,持续 53 d,且于 4 月 29 日有 1 个明显的高峰(赵洪海等,2014)。

2)2012~2013 年生长季,土壤中禾谷孢囊线虫 J2 最早出现在 2013 年 2 月 24 日,持续到 5 月 12 日,在 3 月 2 日和 3 月 23 日分别出现 2 个明显的高峰。小麦根内 J2 最早出现于 2013 年 3 月 23 日,持续到 5 月 26 日,并于 4 月 15 日和 5 月 6 日出现 2 个明显的侵入高峰。3 月中旬至 5 月下旬,能在小麦根围土和根内检出 J2。在 2013 年 4 月 21 日在根内检测到 J3 和 J4,持续 35 d,无明显高峰。3 月上旬至 5 月上旬能在土壤中检测到 J2,4 月下旬至 5 月下旬,根内能够检出 J3 和 J4(赵洪海等,2014)。

3)在胶州市麦田最早于 3 月 2 日孵化出 J2,3 月 16 日已检测到根内有侵入的 J2。J2 侵入盛期为 4 月下旬至 5 月上旬,J3 和 J4 幼虫在小麦根内的发育盛期为 5 月下旬,历时较短,最终产生的孢囊数量较少。此外,越冬后气温利于线虫的孵化、侵入和在根内的发育,但 4 月下旬之前持续少雨和土壤干旱不利于幼虫侵入,最终导致根内幼虫发育高峰期推迟(高翠珠和赵洪海,2015)。

青岛市城阳区上马街道葛家屯村西南麦田土壤中的禾谷孢囊线虫群体动态如下。

1)2011~2012 年小麦生长季,2011 年 10 月 23 日至 12 月 17 日(小麦越冬前)土壤中的线虫不孵化和小麦根内未检测到 J2,说明线虫无孵化和侵染现象。2012 年 2 月 20 日至 6 月 9 日期间,3 月 4 日至 5 月 6 日在土壤中检测到 J2,历时 63 d,分别在 3 月上中旬和 4 月中旬有 2 个不明显的高峰出现。3 月 11 日至 5 月 19 日可在根内检测到 J2,历时 69 d,在 4 月上旬有 1 个明显的侵入高峰。4 月 14 日至 6 月 9 日在根内检测到 J3 和 J4,历时 55 d,在 5 月 6 日有 1 个明显的高峰出现,且最早于 5 月 6 日在小麦根表可见白色雌虫。

2)2012~2013 年小麦生长季,禾谷孢囊线虫 J2 在 2012 年 12 月已有少量孵出,但没有发现根系中有 J2 的侵入。2012 年 11 月多达 24 d 的低温(日最低气温低于 7.0℃)是导致禾谷孢囊线虫 J2 孵出的主要原因(丁海燕等,2013)。J2 的孵化盛期发生在 2013 年的 3 月中下旬;3 月 17 日在根内检测到 J2,并于 4 月 15 日出现侵入高峰。4 月 15 日开始可检测到 J3,根内的幼虫发育盛期不明显。5月12日小麦根表可见白色雌虫。2013年春季干旱，不利于J2的侵入，同年5月上旬至6月上旬平均气温低于20.0℃，不利于根内幼虫的发育和雌虫的形成（丁海燕等，2013）。

研究发现，2009年、2012年和2013年，土壤中禾谷孢囊线虫J2孵出的最早时间均在12月，但在2010年和2011年的10~12月份均无J2孵出。J2的孵出与11月的气温相关，月平均气温低于10℃的年份J2可孵出或孵出概率大。2010年在所有调查田块（10个病田）均未检测到冬前孵出J2，2012年和2013年在部分病田发现冬前孵出J2，病田率分别为90%和59%。2013年有J2冬前孵出的病田率，不同地区间差异很大，菏泽和烟台病田率偏高，而青岛和潍坊较低（赵洪海和丁海燕，2014b）。

城阳、胶州和莱阳3个地区，2010年秋冬3地麦田土壤中均未检测到J2及发现其对根系进行侵染。2011年3月初土壤中有J2开始孵出，高峰期出现在3月下旬至4月上旬。城阳区麦田干旱，不利于土壤中卵的孵化，4月初城阳麦田中出现J2对根系的侵染，而胶州和莱阳因土壤干旱状况更严重，侵染时间分别推迟了约20 d和30 d。城阳和胶州根系内J2到J4幼虫出现在4月下旬至5月中旬，在莱阳则出现在5月中下旬。5月中旬，城阳和胶州出现成虫突破根系，莱阳麦田在5月下旬出现。异常干旱强烈抑制禾谷孢囊线虫的冬后侵染（梁晨等，2012）。

3. 禾谷孢囊线虫在陕西省的生态分布及发生规律

禾谷孢囊线虫在陕西省分布于西安、宝鸡、咸阳和渭南4个市（赵杰等，2011，2013；张毅等，2013；卫军锋等，2014），见表6-3。

表6-3　禾谷孢囊线虫在陕西省的分布

市	县（市、区）
西安市	周至县、长安区、鄠邑区、蓝田县、临潼区、高陵区、阎良区
宝鸡市	麟游县、眉县、扶风县、岐山县
咸阳市	武功县、礼泉县、永寿县、兴平市、泾阳县、三原县、乾县
渭南市	临渭区、蒲城县、华州区、富平县、韩城市

在陕西省能够侵染小麦的禾谷孢囊线虫为 *H. avenae*（赵杰等，2013）。线虫在陕西省关中小麦主产区1年发生1代，有2个侵入阶段（冬小麦秋播后与翌年小麦返青后）。禾谷孢囊线虫在冬小麦播种后，孢囊内卵孵化出

J2，然后侵入小麦幼苗根内。因此，小麦越冬前，可在小麦根内检测到 J2。小麦返青后（2月中下旬）J2 开始新的侵入期，从根内检测到的 J2 数量逐渐上升，且在 3 月下旬到 4 月上旬达到侵入高峰，禾谷孢囊线虫的各龄幼虫有交错共存的现象。4 月中旬之后，不再发现 J2 侵入，且侵入根内的 J2 数量呈下降趋势，在根内开始出现 J3。4 月下旬，J3 开始膨大并逐渐向根外突出膨大体，形状由长椭圆缓慢向柠檬形发展。4 月末至 5 月上旬在小麦根表可见白色雌虫。5 月中旬，在根段内未见到 J3（赵杰等，2013）。

4. 禾谷孢囊线虫在河南省的生态分布及发生规律

禾谷孢囊线虫在河南省主要分布于郑州市（中牟县）、安阳市和禹州市（王振跃等，1993；刘文成，2002；刘丽凯，2012；王瑞芳等，2015），以及濮阳市的清丰县、南乐县、范县、华龙区、濮阳县（张文娟等，2014）

刘文成等（2002）在安阳市的调查研究表明：1991 年 12 月 30 日前未发现禾谷孢囊线虫侵入小麦，1992 年 3 月 10 日发现 J2，直至 5 月 21 日仍有 J2，说明线虫侵入后为害时间很长。线虫孢囊数量只出现 1 次高峰，说明禾谷孢囊线虫在安阳市 1 年发生 1 代。在秋季进行的盆栽试验发现越冬前也未出现线虫侵入现象。

我国线虫学专家采用形态学结合分子生物学的方法，分别在河南许昌县、临颍县、延津县和卫辉市发现了菲利普孢囊线虫（*H. filipjevi*）（Peng et al.，2010；Li et al.，2010）。目前，该线虫已在欧洲、亚洲、美洲等 10 多个国家被发现（Holgado et al.，2004；Smiley et al.，2008；Yan & Smiley，2008；Smiley，2009），中国只分布在河南。

在郑州，燕麦孢囊线虫（*H. avenae*）和菲利普孢囊线虫（*H. filipjevi*）在小麦根部的侵染动态基本一致。小麦出苗后 2 周即可发现孢囊线虫的 J2 侵入小麦根内，4 周后可见少量 J3，6 周后根内幼虫数量达到第 1 个高峰，同时可见少量 J4。小麦出苗 60 d 后，因温度较低，根内各虫态数量基本维持稳定；在 120 d 后，因温度逐渐回升，根内 J2 数量逐渐增加，幼虫数量的第 2 个高峰出现在小麦出苗后约 150 d，但入侵幼虫数量明显少于第 1 个。此后根内幼虫陆续发育为白色雌虫和孢囊，白色雌虫数量高峰出现在小麦出苗 180 d 之后。*H. filipjevi* 的 J3、J4 及白色雌虫出现的时间均比 *H. avenae* 早一周（袁虹霞等，2014）。

5. 禾谷孢囊线虫在河北省的生态分布及发生规律

禾谷孢囊线虫在河北省主要分布于石家庄市、邢台市、保定市、邯郸市、廊坊市、衡水市、唐山市、沧州市（李秀花等，2013a）。

河北省侵染小麦的禾谷孢囊线虫为 H. avenae（马娟等，2011）。禾谷孢囊线虫在河北省小麦上1年发生1代，主要在3月下旬至4月中旬侵染小麦根系。在河北任丘市麻家坞镇北畅支二村的小麦土壤中，除6月上中旬，周年均分离到禾谷孢囊线虫J2。冬前J2出现小高峰（12.3~18.6条/100 cm^3 土壤）；在4月上中旬J2大量出现（52~65条/100 cm^3 土壤）。冬前J2侵入小麦后能够发育至J3，J3数量高峰出现在4月下旬至5月上旬，J4的数量高峰出现在5月中下旬，白色雌虫数量高峰发生在5月下旬（李秀花等，2013b）。

6. 禾谷孢囊线虫在江苏省的生态分布及发生规律

禾谷孢囊线虫在江苏省主要分布于4个市（李红梅等，2010a），具体市县见表6-4。另外，在扬州、泰州和南通也发现禾谷孢囊线虫（李红梅等，2010b）。

表6-4　禾谷孢囊线虫在江苏省的分布

市	县（市、区）
徐州	沛县、丰县、邳州市、睢宁县、铜山区和新沂市
宿迁	沭阳县、泗洪县
连云港	东海县、赣榆区、灌云县、灌南县
盐城	滨海县、阜宁县、大丰区、东台市、响水县

江苏省能够侵染小麦的禾谷孢囊线虫为 H. avenae（王暄等，2013）。2011~2012年，江苏省徐州市沛县闫集镇的小麦田，禾谷孢囊线虫在小麦生长季节中只能完成1代生活史。小麦越冬前发现少量J2，能侵入根系，但无法正常发育。在小麦返青期，小麦根围土壤中出现J2数量高峰，大量侵入根系后，至抽穗期完成发育，在根系上形成白色雌虫，且在根内及根围土壤中可见少量雄虫。在小麦成熟收获期，白色雌虫开始变褐色形成孢囊，落入土中越夏。禾谷孢囊线虫和J2主要分布在田间土表下0~10 cm土层（向桂林等，2013）。

7. 禾谷孢囊线虫在山西省的生态分布及发生规律

禾谷孢囊线虫在山西省主要分布于3个市（张东霞，2012），见表6-5。

表 6-5 禾谷孢囊线虫在山西省的分布

市	县（市、区）
运城市	闻喜县、夏县、盐湖区
临汾市	霍州市、洪洞县、尧都区、襄汾县、侯马市
晋城市	阳城县

山西省能够侵染小麦的禾谷孢囊线虫为 *H. avenae*（刘坤等，2012）。在山西省，禾谷孢囊线虫1年发生1代。小麦收获后，孢囊在土壤中越夏，在土壤中长期存活。10月中旬气温降低，土壤湿度合适时，越夏孢囊内的卵先孵化为J2。以J2侵入小麦根部，在根内生长发育，J4蜕皮后发育为雌成虫（柠檬形）或雄成虫（线形）（张东霞，2012）。

8. 禾谷孢囊线虫在青海省的生态分布及发生规律

禾谷孢囊线虫在青海省的7个地区均有分布（侯生英等，2011；王爱玲和侯生英，2011），见表6-6。

表 6-6 禾谷孢囊线虫在青海省的分布

市	县（市、区）
西宁市	大通回族土族自治县、湟中县、湟源县
海东市	互助土族自治县、乐都区、民和回族土族自治县、循化撒拉族自治县、化隆回族自治县
海南藏族自治州	贵德县
海北藏族自治州	门源回族自治县、海晏县、祁连县
海西蒙古族藏族自治州	都兰县、德令哈市
玉树藏族自治州	玉树市、称多县、囊谦县
黄南藏族自治州	尖扎县、同仁县

青海省能够侵染小麦的禾谷孢囊线虫为 *H. avenae*（侯生英等，2008）。禾谷孢囊线虫自小麦播种后20 d（苗期），孵化出的J2开始侵入小麦根系。播种后约30 d（小麦3叶1心期）为J2出现高峰期，播种后45 d（分蘖期）出现J3，播种后约75 d（拔节期）为J3出现高峰期，同时出现J4，小麦播种后80～90 d（抽穗期）为J4出现高峰期，同时出现白色雌虫，播种后约100 d（扬花期）为白色雌虫出现高峰期，播种后120 d（灌浆期）土壤中检测到新孢囊，播种后130～150 d（收获期）大量孢囊脱落到土壤中越冬，作为翌年初次侵染源（侯生英等，2013）。

9. 禾谷孢囊线虫在湖北省的生态分布及发生规律

1989 年在湖北天门市首次发现禾谷孢囊线虫，并于 1991 年正式报道，同年在湖北潜江市、仙桃市等多地也发现该线虫（陈品三等，1991；王明祖和彭德良，1991）。近年调查发现，在襄阳市牛首镇、天门市拖市镇、潜江市高石碑镇、汉川市回龙镇、钟祥市均有分布，以襄阳市最多，平均每 100 cm³ 土壤含有效孢囊 12.5 个（陈萍等，2014）。

在小麦播种后 20 d，就有 J2 侵入根部，播种后 143 d 根内幼虫数量达到顶峰，在播种后 158 d 发育成白色雌虫而露出根外，在播种后 174 d 白色雌虫数量达最高峰（陈萍等，2014）。

10. 禾谷孢囊线虫在甘肃省的生态分布

禾谷孢囊线虫在甘肃省主要分布在酒泉市、张掖市、金昌市、武威市、白银市、兰州市、临夏回族自治州、定西市、平凉市、庆阳市、天水市、陇南市（李惠霞等，2016；赵鹏等，2016）。

11. 禾谷孢囊线虫在宁夏回族自治区的生态分布

危害宁夏小麦的禾谷孢囊线虫为 *H. avenae*。主要分布在石嘴山、吴忠、银川、中卫和固原 5 个市（黄文坤等，2011；赵鹏等，2016），见表 6-7。

表 6-7　禾谷孢囊线虫在宁夏回族自治区的分布

市	县/区
石嘴山	平罗县、惠农区
吴忠	青铜峡市、同心县、利通区古城镇新华桥村
银川	贺兰县、永宁县
中卫	海原县、中宁县
固原	西吉县、原州区、隆德县、泾源县、彭阳县

12. 禾谷孢囊线虫在内蒙古自治区的生态分布

禾谷孢囊线虫在内蒙古自治区主要分布在呼和浩特市、乌兰察布市、包头市、巴彦淖尔市、鄂尔多斯市、锡林郭勒盟 6 个地区（陈新等，2009）。

13. 禾谷孢囊线虫在北京市的发生规律

禾谷孢囊线虫在北京市全年只发生 1 代。夏季滞育，卵的孵化高峰为 4

月初。J2 侵染高峰为 4 月上旬，J3 发育高峰为 4 月下旬至 5 月初，J4 发育高峰为 5 月上旬，白色雌虫发育高峰为 5 月下旬至 6 月上旬，10 月份播种后部分 J2 就发生侵染，且冬前发育至 J3（苏致衡等，2013）。

二、禾谷孢囊线虫根内侵染及土壤中线虫变化规律——以山东泰安地区为例

山东省泰安市山东农业大学实验基地两年的试验研究表明，小麦播种前 100 cm³ 土壤中 *H. avenae* 平均群体量为 866 个卵、34 条 J2（2009 年）和 1530 个卵和 65 条 J2（2010 年）。小麦生育期见表 6-8。供试品种济麦 22 和泰农 18 两年试验中根内线虫总数表现出相同的变化趋势。济麦 22 在开花期（2009～2010 年）和孕穗期（2010～2011 年）在根内出现线虫高峰，单位鲜重根内线虫数分别是 38 条和 21 条。而泰农 18 根内线虫高峰两年均出现在拔节后期，分别为单位鲜重根内 59 条和 64 条，显著高于济麦 22。线虫数量与生育期的关系可表达为二次方程：$y = -0.5300x^2 + 9.0480x - 18.4621$，$r^2 = 0.3809$（$P = 0.0004$，2009～2010 年）和 $y = -0.5570x^2 + 8.2979x - 16.2027$，$r^2 = 0.2560$（$P = 0.0075$，2010～2011 年），供试两个品种试验中表现出相似的生长趋势，在 2010～2011 年两品种植株的根系均比 2009～2010 年生长旺盛，尤其在孕穗期和开花期（图 6-1）。

表 6-8　2009～2010 年和 2010～2011 年试验取样时间冬小麦生育期和与之对应的 Zadoks 生长阶段

小麦生育期	取样时间		扎多克斯（Zadoks）生长阶段（Zadoks et al.1974）	形态学
	2009～2010 年	2010～2011 年		
苗期	2009.10.31	2010.10.23	Zadoks 13（Z13）	第一张叶展开
分蘖期	2009.11.9	2010.11.6	Zadoks 21（Z21）	主茎和 1 个分蘖
分蘖期	2009.11.25	2010.11.30	Zadoks 23（Z23）	主茎和 3 个分蘖
分蘖期（越冬期）	2009.12.13	2011.1.2	Zadoks 25（Z25）	主茎和 6 个分蘖
分蘖期（越冬期）	2010.1.15	2011.1.20	Zadoks 27（Z27）	四叶期
分蘖期（越冬期）	2010.2.15	2011.2.12	Zadoks 28（Z28）	四叶期
拔节期	2010.3.15	2011.3.10	Zadoks 30（Z30）	假茎伸出
拔节期	2010.4.6	2011.3.30	Zadoks 37（Z37）	可见旗叶
孕穗期	2010.4.21	2011.4.20	Zadoks 47（Z47）	旗叶叶鞘伸出
开花期	2010.5.15	2011.5.12	Zadoks 65（Z65）	开花期

续表

小麦生育期	取样时间		扎多克斯（Zadoks）生长阶段（Zadoks et al.1974）	形态学
	2009~2010 年	2010~2011 年		
乳熟期	2010.6.3	2011.6.2	Zadoks 85（Z85）	乳熟期
成熟期	2010.6.20	2011.6.22	Zadoks 94（Z94）	秸秆死亡

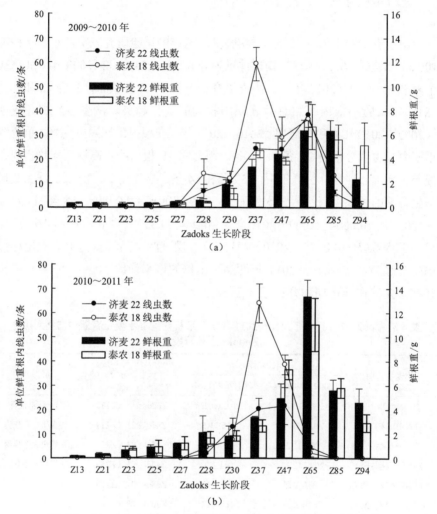

图 6-1 *Heterodera avenae* 山东群体在小麦生育期根系内动态变化
（以 Zadoks 生长阶段为尺度）

试验发现，越冬前（Z13~Z25）很少有 J2 侵染（图 6-2）。在越冬期间（Z25~Z27），两品种根内均检测到 J2，并且在孕穗期以前均以 J2 为优势虫态（土壤温度为 11.8～14.4℃）。越冬期过后（Z28），随着土壤温度的升高和小麦根系的生长，单位鲜重根内线虫数量增多（图 6-2）。拔节期（Z30～Z37），5 cm 土壤深度温度为 9.8～14.5℃（2009～2010 年）和 4～13℃（2010～2011 年），小麦根系内 J2 群体密度最高，单位鲜重根内济麦 22 和泰农 18 分别有 20 条和 57 条线虫（2009～2010 年），7 条和 24 条线虫（2010～2011 年）。在 Z85 之后根内 J2 数量显著减少。济麦 22 根内 J2 最大虫口密度比泰农 18 出现的早，但两年试验中泰农 18 根内线虫数量显著高于济麦 22（$P<0.05$）。

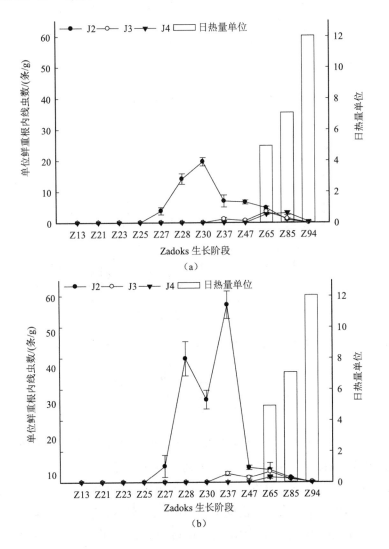

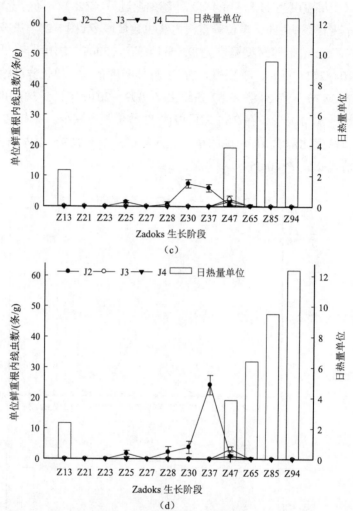

图 6-2 生育期小麦单位鲜重根内 *Heterodera avenae* 发育动态和日热量单位的关系
（以 Zadoks 生长阶段为尺度）

日热量单位依据 *H. avenae* 发育的最低温度阈值（14℃）计算
(a) 2009~2010 年，济麦 22；(b) 2009~2010 年，泰农 18；
(c) 2010~2011 年，济麦 22；(d) 2010~2011 年，泰农 18

2009~2010 年，三龄幼虫最早在 Z37 时检测到，并且三龄幼虫高峰出现在开花期（Z65），两个品种的四龄幼虫高峰分别出现在乳熟期（Z85，济麦 22）和开花期（Z65，泰农 18），四龄幼虫高峰出现时日热量单位分别是 7.1 和 4.9；2010~2011 年，三龄幼虫和四龄幼虫最高峰均发生在 Z47，此时日热量单位为 3.9。研究结果表明，*H. avenae* 从二龄幼虫到三龄幼虫再到四龄幼虫的发育过程需要连续的日热量单位超过 2.0，2010～2011 年三龄幼虫和四龄幼虫高峰出现的比 2009～2010 年早，主要是因为日热量单位大于 2.0 的气候出现的较早。两年试验中 *H. avenae* 完成一个生活史的时间分别是 99 d 和 83 d。

关于小麦根围土壤线虫的群体，试验记录了上季节留在土壤里的旧孢囊、卵孵化了的空孢囊及新形成的孢囊数量。从图 6-3 可看出，旧孢囊和新孢囊的比例随着小麦的生长有显著的变化。在开花期（Z65）前，2009～2010 年和 2010～2011 年土壤中旧孢囊的比例，分别由 72% 和 40% 下降到检测不到；而新孢囊在 Z65 后显著增加（$P<0.05$），2009～2010 年最多时占孢囊总数的 89%（Z85，济麦 22）和 85%（Z65，泰农 18），2010～2011 年开花期（Z65）占 69%（济麦 22）和乳熟期（Z85）的 72%（泰农 18）。

从小麦的第一张叶片展开到旗叶叶鞘伸出，均从根围土壤中检测到二龄幼虫，并且分别在 Z13～Z27 和 Z27～Z47 出现群体高峰，2009～2010 年，在 Z27 时数量最少（此时土壤温度为生长期间最低时）；二龄幼虫群体数量在供试两个品种间没有显著差异。当土壤温度在 0℃ 以下和 20℃ 以上时，土壤中卵的孵化受抑制。日热量单位与土壤中二龄幼虫的数量呈负相关，当日热量单位大于 10 时，没有二龄幼虫孵出（图 6-4）。

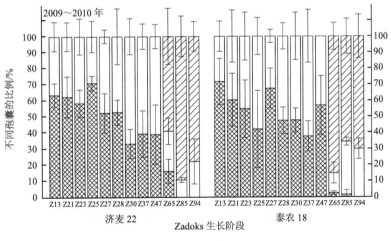

(a)

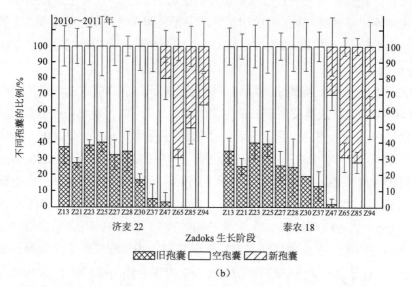

图6-3 山东省2009~2010年和2010~2011年冬小麦(济麦22和泰农18)生育期根围土壤 *H. avenae* 孢囊数量动态变化(以Zadoks生长阶段为尺度)

Z65和Z85调查时,白色孢囊仍在根上;Z94阶段新孢囊已脱落到土壤中

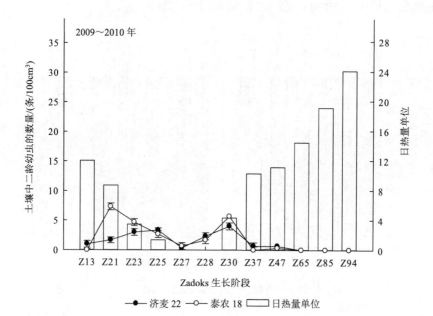

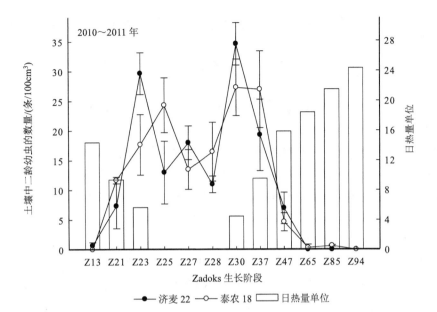

图 6-4　山东省 2009~2010 年和 2010~2011 年冬小麦（济麦 22 和泰农 18）
生育期根围土壤中 *H. avenae* 二龄幼虫群体动态与日热量单位关系
（以 Zadoks 生长阶段为尺度）

日热量单位依据 *H. avenae* 孵化的最低温度阈值（5℃）计算

参 考 文 献

陈品三，王明祖，彭德良，1991. 我国小麦禾谷孢囊线虫（*Heterodera avenae* Wollenweber）的发现与鉴定初报[J]. 中国农业科学，24(5)：89.

陈萍，向妮，肖炎农，等，2014. 湖北襄阳禾谷孢囊线虫（*Heterodera avenae*）生活世代及发生动态研究[J]. 江西农业学报，26(1)：114-117，124.

陈新，周洪友，马玺，2009. 内蒙古中西部地区小麦禾谷孢囊线虫的发生分布[J]. 植物保护，35(5)：114-117.

丁海燕，赵洪海，彭德良，2013. 小麦禾谷孢囊线虫病在青岛市区的发生动态及其诱因分析[J]. 青岛农业大学学报（自然科学版），30(4)：267-271，282.

高翠珠，赵洪海，2015. 胶州市小麦孢囊线虫田间侵染特点及分析[J]. 青岛农业大学学报（自然科学版），32(2)：117-120.

侯生英，彭德良，王爱玲，等，2008. 青海省小麦孢囊线虫病调查初报[J]. 青海大学学报（自然科学版），26(5)：84-86.

侯生英，王爱玲，张贵，等，2011. 青海省小麦孢囊线虫病发生和分布特点[J]. 植物保护，37(3)：139-141，156.

侯生英, 张贵, 王信, 等, 2013. 青海省春小麦禾谷孢囊线虫病侵染规律研究[J]. 青海大学学报（自然科学版）, 31(3): 1-3.

黄文坤, 叶文兴, 王高峰, 等, 2011. 宁夏地区禾谷孢囊线虫的发生与分布[J]. 华中农业大学学报, 30(1): 74-77.

李红梅, 王暄, 裴世安, 等, 2010a. 江苏省小麦孢囊线虫病发生情况初步调查[J]. 植物保护, 36(6): 172-175.

李红梅, 王暄, 彭德良, 2010b. 小麦孢囊线虫病概况及江苏省的发生现状与防治对策[J]. 江苏农业科学, (6): 1-4.

李惠霞, 刘永刚, 朱锐东, 等, 2016. 甘肃省小麦禾谷孢囊线虫的发生及分布[J]. 植物保护, 42(3): 170-174.

李惠霞, 柳永娥, 魏庄, 等, 2012. 新疆和西藏发现禾谷孢囊线虫[M]//廖金铃, 等. 中国线虫学研究第4卷. 北京: 中国农业科学技术出版社: 164-165.

李秀花, 马娟, 陈书龙, 2013a. 河北省小麦孢囊线虫病的发生与分布[J]. 植物保护, 39(1): 162-165.

李秀花, 马娟, 高波, 等, 2013b. 燕麦孢囊线虫在河北冬麦区的种群动态[J]. 植物保护学报, 40(4): 315-319.

梁晨, 杨远永, 赵洪海, 等, 2012. 山东省胶东地区麦田小麦孢囊线虫田间侵染研究[J]. 山东农业科学, 44(9): 80-84.

刘崇俊, 黄文坤, 崔江宽, 等, 2013. 山东省小麦禾谷孢囊线虫的分布及其rDNA-ITS分析[J]. 华中农业大学学报, 32(5): 55-60.

刘坤, 席天元, 张耀芳, 等, 2012. 山西省小麦孢囊线虫的形态学和分子特征分析[J]. 浙江大学学报（农业与生命科学版）, 38(5): 566-574.

刘丽凯, 2012. 禹州市小麦孢囊线虫病发生趋势及防治措施[J]. 河南农业, (5): 27.

刘文成, 马瑞霞, 姚献华, 等, 2002. 小麦禾谷孢囊线虫病发生规律的初步研究[J]. 麦类作物学报, 22(3): 95-97.

马娟, 李秀花, 于海滨, 等, 2011. 河北省小麦孢囊线虫种类鉴定[J]. 华北农学报, 26(z1): 168-173.

彭德良, 黄文坤, 孙建华, 等, 2012. 我国天津发现小麦禾谷孢囊线虫[M]//廖金铃, 等. 中国线虫学研究第4卷. 北京: 中国农业科学技术出版社: 162-163.

彭德良, 简恒, 廖金铃, 等, 2016. 中国线虫学研究（第六卷）[M]. 北京: 中国农业科学技术出版社.

彭焕, 李新, 崔江宽, 等, 2016. 安徽首次发现菲利普孢囊线虫 *Heterodera filipjevi* 为害小麦[C]//中国植物保护学会.2015年学术年会论文集: 463.

苏致衡, 黄文坤, 郑国栋, 等, 2013. 北京地区小麦禾谷孢囊线虫病发生动态调查[J]. 植物保护, 39(1): 116-120.

陶玲, 吴慧平, 彭德良, 等, 2012. 安徽省小麦孢囊线虫的发生分布与鉴定[J]. 安徽农业大学学报, 39(2): 257-262.

王爱玲, 侯生英, 2011. 青海小麦孢囊线虫病的发生分布及田间识别[J]. 青海农林科技, (1): 68, 74.

王明祖, 彭德良, 1991. 小麦孢囊线虫病的研究 I. 病原鉴定[J]. 华中农业大学学报, 10(4): 352-356.

王瑞芳, 武杜梅, 王磊, 等, 2015. 中牟县小麦孢囊线虫病发生原因与防治策略[J]. 农技服务, 32(2): 87-88.

王暄, 乐秀虎, 宋志强, 等, 2013. 小麦孢囊线虫江苏群体的形态学与分子特征鉴定[J]. 中国农业科学, 46(5): 934-942.

王振跃, 王守正, 李洪连, 等, 1993. 河南省小麦孢囊线虫病的初步研究[J]. 华北农学报, s1: 105-109.

卫军锋, 魏会新, 郭海鹏, 等, 2014. 陕西省小麦孢囊线虫病的发生与分布[J]. 陕西农业科学, 60(1): 61-62, 67.

吴慧平, 杨传广, 陈良宏, 等, 2010. 安徽省小麦根际线虫的鉴定和分布[J]. 安徽农业大学学报, 37(2): 189-195.

向桂林, 宋志强, 梁旭东, 等, 2013. 禾谷孢囊线虫的田间侵染规律及垂直分布研究[J]. 麦类作物学报 33(4): 789-794.

杨传广, 吴慧平, 檀根甲, 等, 2008. 安徽省小麦孢囊线虫田间分布及危害调查[J]. 植物保护, 34(2): 107-110.

杨远永, 赵洪海, 彭德良, 2010. 小麦禾谷孢囊线虫在山东省的分布新报道[J]. 青岛农业大学学报（自然科学版）, 27(1): 17-20.

俞翔, 吴慧平, 马骥, 等, 2012. 安徽颍上县禾谷类孢囊线虫发生与危害[J]. 植物保护, 38(5): 124-127, 133.

袁虹霞, 阎海涛, 孙炳剑, 等, 2014. 两种小麦孢囊线虫在河南省郑州的侵染动态比较研究[J]. 植物病理学报, 44(1): 74-79.

张东霞, 2012. 山西省小麦孢囊线虫病的分布与防控对策[J]. 农业技术与装备, (2): 26-28.

张文娟, 宋晓磊, 任玉鹏, 等, 2014. 山东及河南濮阳禾谷孢囊线虫分布调查与 rDNA-ITS-RFLP 分析[J]. 麦类作物学报, 34(12): 1713-1719.

张毅, 徐进, 郑余良, 2013. 西安地区小麦孢囊线虫的发生与分布[J]. 陕西农业科学, 59(4): 110-111.

赵洪海, 丁海燕, 2014a. 2012~2013年山东省小麦禾谷孢囊线虫发生分布调查[J]. 山东农业科学, 46(4): 83-86, 91.

赵洪海, 丁海燕, 2014b. 山东省小麦禾谷孢囊线虫秋冬季节发生调查[J]. 青岛农业大学学报（自然科学版）, 31(2): 100-104.

赵洪海, 丁海燕, 彭德良, 2014. 胶州市小麦禾谷孢囊线虫群体动态的年度间差异[J]. 麦类作物学报, 34(4): 563-567.

赵洪海, 杨远永, 彭德良, 等, 2011. 小麦禾谷孢囊线虫在山东省的分布新报道和发生特点浅析[J]. 青岛农业大学学报（自然科学版）, 28(4): 261-266.

赵杰，钮绪燕，张管曲，等，2011.陕西省中南部地区小麦禾谷孢囊线虫的发生与分布[J].西北农业学报，20(6)：181-185.

赵杰，张管曲，康振生，2013.陕西省小麦禾谷孢囊线虫病的新发生地区与田间侵染规律[J].中国农业科学，46(16)：3496-3503.

赵鹏，李惠霞，李健荣，等，2016.2015年宁夏小麦田禾谷孢囊线虫的分布[J].麦类作物学报，36(6)：808-813.

邹宗峰，田明英，缪玉刚，2012a.山东省烟台市小麦孢囊线虫的分布及发生特点[J].北京农业，(36)：63.

邹宗峰，缪玉刚，任强，2012b.烟台地区小麦孢囊线虫的种类鉴定[J].农业与技术，32(10)：90.

Holgado R, Anderson S, Rowe J, et al., 2004. First record of *Heterodera filipjevi* in Norway[J]. Nematologia Mediterranea, 32(3): 205-211.

Li H L, Yuan H X, Sun J W, et al., 2010. First record of the cereal cyst nematode *Heterodera filipjevi* in China[J]. Plant Disease, 94(12): 1505.

Peng D L, Ye W X, Peng H, et al., 2010. First report of the cyst nematode (*Heterodera filipjevi*) on wheat in Henan Province, China[J]. Plant Disease, 94(10): 1262.

Smiley R W, 2009. Occurrence, distribution and control of *Heterodera avenae* and *H. filipjevi* in western USA[M]// Riley I T, Nicol J M, Dababat A A. Cereal Cyst Nematodes: Status, Research and Outlook. Ankara: CIMMYT Press: 35-40.

Smiley R W, Yan G P, Handoo Z A, 2008. First record of the cyst nematode *Heterodera filipjevi* on wheat in Oregon[J]. Plant Disease, 92(7): 1136.

Sturhan D, 1996. Occurrence of *Heterodera filipjevi* (Madzhidov, 1981) Stelter, 1984 in Iran[J]. Pakistan Journal of Nematology, 14(2): 89-93.

Wu H Y, He Q, Liu J, et al., 2014. Occurrence and development of the cereal cyst nematode (*Heterodera avenae*) in Shandong, China[J]. Plant Disease, 98(12): 1654-1660.

Yan G P, Smiley R W, 2008. First detection of the cereal cyst nematode *Heterodera filipjevi* in North America[J]. Phytopathology, 98: S176.

Zadoks J C, Chang T T, Konzak C F, 1974. A decimal code for the growth stages of cereals[J]. Weed Research, 14(6): 415-421.

第七章 水稻孢囊线虫生物学

目前已知有 5 种孢囊线虫可寄生水稻，分别为水稻孢囊线虫（*Heterodera oryzae*）、拟水稻孢囊线虫（*H. oryzicola*）、旱稻孢囊线虫（*H. elachista*）、甘蔗孢囊线虫（*H. sacchari*）（Luc et al., 2005）和芒稗孢囊线虫（*H. graminophila*）（Golden & Birchfield, 1972）。它们在形态上很相似，需要结合形态学特征和生理生化特性对它们进行区分。其中前 4 种线虫均能为害水稻的根部，吸收植物体内营养，从而影响水稻根系正常发育，影响水稻的输水系统，使地上部分发育不良，最终导致产量下降。早期研究报道，在印度，由 *H. oryzicola* 引起水稻和亚热带作物的产量损失为 17%~42%（Kumari & Kuriyan, 1981）；在尼日利亚，*H. sacchari* 是水稻重要的经济害虫（Babatola, 1983）；*H. oryzae* 主要发生在塞内加尔（Fortuner & Merny, 1979）。

旱稻孢囊线虫，又称日本孢囊线虫（Japanese cyst nematode），由冈田 1953 年在日本栃木县山地稻田发现，分布在日本的水稻产区（Ohshima, 1974），并在旱稻和灌溉水稻上引起 7%~19%产量损失（Bridge et al., 1990）。它的寄主包括水稻、日本粟（*Echinochloa esculenta*）、玉米（*Zea mays*）、小麦（*Triticum aestivum*）和燕麦（*Arena sativa*），但主要是水稻（Okada, 1960）。中国（Ding et al., 2012）和欧洲（Luca et al., 2013）也发现该种线虫。

1982~1984 年，李怡珍等（1985）在广东部分双季稻田（冬季种植马铃薯、蔬菜、甘薯）和小部分晚季稻田（春季种植花生、甘薯，冬季休闲）中，4 次发现有孢囊线虫寄生在这些田种植的冬、春作物根部。通过 3 次接种验证，该虫能侵染水稻根部，并能完成生活史周期。经室内形态鉴定属寄生于水稻的孢囊线虫，该虫与 1978 年印度报道在喀拉拉邦发现的拟水稻孢囊线虫（*H. oryzicola*）类似。感染 *H. oryzicola* 后，水稻长势减弱，分蘖减少，表现为褪绿变黄（Rao & Jayaprakash, 1978；Jayaprakash & Rao, 1982），Jayaprakash 和 Rao（1982）报道，*H. oryzicola* 会加重水稻苗枯病菌及白绢病菌的危害，导致60%～88%水稻苗死亡。

到目前为止，我国关于水稻孢囊线虫的研究较少，仅李怡珍等（1985）报道在广东水稻上发现拟水稻孢囊线虫（*H. oryzicola*），卓侃等（2014）在广西龙胜各族自治县龙胜梯田的水稻根部和丁中等（2012）在湖南水稻上发现旱稻孢囊线虫（*H. elachista*），且在湖南省多个县的丘陵地区的水稻田中发生。水稻孢囊线虫病已在孟加拉国、冈比亚、科特迪瓦、利比里亚、巴基斯坦、塞内加尔、日本、印度等国家发生。因此，识别和诊断水稻孢囊线虫病具有重要意义。

一、水稻孢囊线虫形态学特征

（一）拟水稻孢囊线虫形态学特征

拟水稻孢囊线虫（*H. oryzicola*）印度喀拉拉邦群体（Rao & Jayaprakash, 1978），具体形态学特征如下（图7-1）。

1. 雌虫（25个）

模式标本孢囊特征：长（不包括颈长）434 μm，最大宽度340 μm，颈长72 μm，长（不包括颈长）宽比为1.3。

完整测量雌虫：体长484（414～520）μm，体宽314（220～348）μm，口针长19.5（18～20）μm，背食道腺开口至口针基部球距离5 μm。

虫体呈珍珠白色，柠檬形或阔柠檬形，但具不对称的倾斜的颈部和突出的阴门。头部缢缩具2个体环，第二个体环略大。头的骨架弱。口针强大，具圆形基部球（图7-1i）。阴门周围具有淡褐色胶状卵囊。肛门小且不明显。

2. 孢囊（25个）

孢囊形状同雌虫（图7-1h），随着老化，其颜色从浅褐色逐渐变为深褐色。表皮具Z形花纹。孢囊阴门锥体的外围具有泡囊。半膜孔对称，膜孔32（27～40）μm×30（20～39）μm。在一些标本中有细的下桥存在：105（84～112）μm×12（6～20）μm。膜孔到下桥的距离为23 μm。阴门裂长39（36～47）μm。疣状的阴门附属物位于阴门锥体膜孔的外围，且距离膜孔最近的泡囊23 μm。此外，附属物是连续的，形成了脊，根据附属物的形状和特性，称其为阴门泡囊（Golden & Raski, 1977）。凝胶状物里面包含了卵，一个孢囊具有一个卵囊，且大小是孢囊的 1/2。

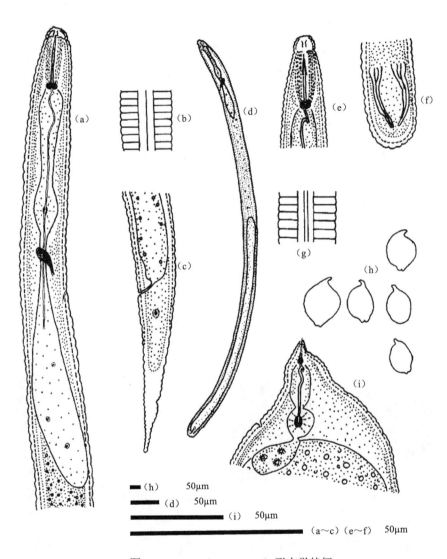

图 7-1 *Heterodera oryzicola* 形态学特征
（a）二龄幼虫虫体前部末端；（b）二龄幼虫侧区；（c）二龄幼虫尾部；（d）雄虫；
（e）雄虫头部；（f）雄虫尾部；（g）雄虫侧区；（h）孢囊形态；（i）雌虫颈部
引自 Rao 和 Jayaprakash（1978）

3. 雄虫（20 个）

体长 935（896～980）μm，体宽 28 μm，a =33.4（32～35），b =7.9（7～

9），b'=6.5（6～8），c=267（224～326），口针长22（20～30）μm，背食道腺开口至口针基部球距离5μm，交合刺22（19～25）μm，引带长8μm。

雄虫数量多。虫体蠕虫状，温和热处理后，虫体背部稍微弯曲（图7-1d）。在身体中部出现约2μm的环状结构。侧区具有4条侧线，不变形，占据体宽的1/3，位于外侧的带较宽（图7-1g）。交合刺成对，弓形，分开（图7-1f）。泄殖腔具有凸起的圆唇。尾向腹部弯曲，末端钝圆。

4. 二龄幼虫（50个）

体长392（370～428）μm，体宽20（18～22）μm，a=19.4（19～20），b=4，b'=2.7，c=7.1，口针长18（17～19）μm。尾部透明区长28（22～29）μm。

头部稍缢缩，头架硬化。口针基球发达（图7-1a）。侧区具3条侧线（图7-1b）。尾长55（50～60）μm，且在尾部透明区缢缩（图7-1c）。侧尾腺位于二龄幼虫尾部的前1/3处。

（二）旱稻孢囊线虫形态学特征

旱稻孢囊线虫（*H. elachista*）广西种群GX1025重要形态学特征见图7-2（卓侃等，2014）。

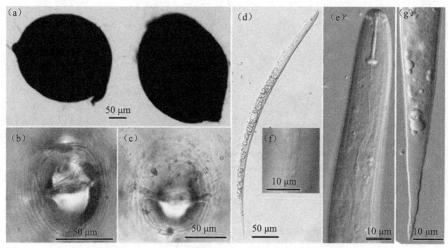

图7-2 旱稻孢囊线虫广西种群GX1025孢囊和二龄幼虫形态学特征

（a）孢囊整体；（b～c）不同层面的阴门锥结构；（d）二龄幼虫整体；（e）二龄幼虫体前部；
（f）二龄幼虫侧区；（g）二龄幼虫尾部

孢囊浅褐色至深褐色，柠檬形，具亚晶层；阴门锥具膜孔，膜孔为两侧半膜孔型，圆，膜孔长和宽几乎相等；阴门桥窄，下桥中等大小，长75~80 μm；具少量大的深褐色泡囊。

二龄幼虫被热杀死后，略腹弯，线形，向两端渐变细；唇区半球形，略缢缩，具1个唇盘和3个唇环；口针基部球前端略凹陷；半月体清晰，长2~3 μm，位于排泄孔前1个体环处；排泄孔至前端101.3~114.1 μm；食道腺发育良好；生殖原基卵圆形，包含2个细胞；侧区具3条侧线；尾长圆锥形，约是肛门处体宽的5倍，末端细圆；透明尾长约占尾长的60%；侧尾腺孔小，位于肛门后5~6个体环处。雄虫，未发现。

湖南长沙、平江、衡东、邵阳和湘乡群体：孢囊球形或柠檬形，阴门锥具双膜孔，阴门桥窄，下桥中等大小，具深棕色的泡囊；体长（不包括颈长）354~586 μm，体宽283~495 μm；透明斑长30~50 μm，宽25~47.5 μm；下桥长70~95 μm，阴门裂宽30.3~55.5 μm。二龄幼虫体长404~525 μm，口针长20~25 μm（包括口针基球），尾长60~87.5 μm，尾部透明区30~50 μm，横向区域有三条横线（Ding et al.，2012）。

意大利北部群体：孢囊长（不包括颈部）404±66.6（278~484）μm，宽253±34.8（207~321）μm；膜孔长42±2.7（38~47）μm，宽35±4.4（23~39）μm；阴门裂宽30±2.1（26~33）μm。二龄幼虫长436±19（411~470）μm；口针长20±0.5（19.5~20.8）μm；尾长58.8±1.7（56.3~61.2）μm；尾部透明区长33.1±2.5（29.0~37.7）μm（Luca et al.，2013）。

日本群体：孢囊（n=10）阴门裂长36（30~43）μm，膜孔长28.5（25~37）μm，膜孔宽29.8（25~37）μm，肛阴距39.4（30~46）μm，下桥长78.3（75~90）μm。二龄幼虫（n=25）体长367（330~405）μm，体长与最大体宽比为22.6（20.3~24.1）μm，体长与食道长比为4.2（4.0~4.6）μm，体长与尾长比为7.2（6.7~8.1）μm，口针长18.6（18.0~19.5）μm，唇高3.3（3.0~3.6）μm，唇宽7.7（7.2~7.8）μm，背食道腺开口至口针基部球距离5.5（4.5~6.0）μm，前端至中食道球瓣距离56.4（52~60）μm，透明尾长31.4（26.0~36.0）μm，尾长52.7（44~57）μm，透明尾长/口针长1.7（1.4~1.9）μm（Ohshima，1974）。

伊朗Tonekabon群体：孢囊（n=39）体长431（340~530）μm，体宽311（250~540）μm，体长与体宽比为1.4（1.1~1.9），阴门裂长40（32~45）μm，膜孔长40（30~50）μm，膜孔宽31.2（26~42）μm，下桥长85μm；

二龄幼虫（n=10）体长391（372～410）μm，体长与体宽比为22.5（20.8～24）μm，体长与食道长比为4.3（3.9～4.9），体长与尾长比为6.7（5.9～7.2），口针长20（18～21）μm，唇高3.3 μm，唇宽7.8（7～8）μm，背食道腺开口至口针基部球距离5.2（4～7）μm，前端至中食道球瓣距离59（52～67）μm，透明尾长32（25～39）μm，尾长59（54～63）μm，透明尾长与口针长比为1.6（1.3～1.9），体长与前端至中食道球瓣距离比为6.7（5.6～7.4）（Maafi et al.，2004）。

二、水稻孢囊线虫生物学特性

水稻孢囊线虫的生活史是指从其所产的卵开始，经孵化和发育，到再次产卵的过程。4个侵染水稻的种 *H. oryzicola*、*H. elachista*、*H. oryzae* 和 *H. sacchari*，自然条件下在寄主生长季节均可发生几代，在24～30 d完成一个生活史（Ibrahim et al.，1993）。下面分别介绍拟水稻孢囊线虫（*H. oryzicola*）、旱稻孢囊线虫（*H. elachista*）等的生活史。

拟水稻孢囊线虫的胚胎发育时间为8～9 d。卵孵化后，雄虫从二龄幼虫发育为成虫需经过14 d，从二龄幼虫发育为白色雌虫需要经过20 d。雌虫大部分进入植株的胚轴和根尖，且侵入的数量相近，少数侵入次生根或者更小的幼根。雌虫分泌引诱雄虫的分泌物，雄虫在分泌物的刺激作用下进行迁移，并与雌虫完成交配。雌虫产卵于胶质的卵囊需历时22 d，形成孢囊则历时24 d。单个拟水稻孢囊线虫雌虫在卵囊里平均产卵198粒，且平均保留120粒卵在身体内形成孢囊。完成一个生活史需要30 d，一年发生12代（Jayaprakash & Rao，1982）。

水稻孢囊线虫完成一个生活周期的时间受线虫的种、寄主、环境条件等多种因素的影响。旱稻孢囊线虫寄生于水稻中，其孵化、侵染和发育均需要在30℃左右完成。在30℃条件下，寄生于水稻根部的旱稻孢囊线虫最短生活史为18 d。利用室内琼脂平板法接种新孵化的二龄幼虫（J2）后3～4 d为J2集中侵入根部[大部分在根尖分生区（图7-3a、图7-3b）]的时间。二龄幼虫发育成为三龄幼虫和四龄幼虫分别历时3 d和5 d，随后其虫体逐渐发育膨大，接种6 d后，虫体突破根皮层组织成白色的瓶状结构，其头部保持固定在中柱[图7-3（c～f）]。但也有部分二龄幼虫头部进入根系后，虫体一部分仍留在根外，并可发育成雌虫和雄虫，表现出半寄生的特性。接种后

8 d 可见四龄幼虫,呈卷曲状。接种后 10 d 可见雌雄交配,然后雄虫离开根系。接种后 12 d 可见雌虫的阴门处有胶质团(图 7-3g),13 d 在胶质团可见部分卵,形成卵囊(图 7-3h、图 7-3i),卵囊内平均 117 粒卵。接种 16 d 后成熟的白色孢囊开始变为浅褐色,平均单个孢囊内具 205 粒卵。较高温度(8~35℃)下有利于旱稻孢囊线虫的侵染和发育(丁中等,2012)。

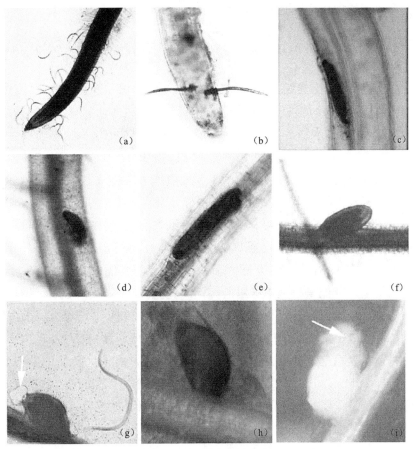

图 7-3 旱稻孢囊线虫在水稻根系的发育过程(后附彩图)
(a)二龄幼虫聚集在根尖分生区或伸长区; (b)二龄幼虫侵入根内; (c)三龄幼虫;
(d)四龄幼虫; (e)根内的雄虫; (f)白色雌虫; (g)产生胶质团的雌虫和雄虫
(箭头示胶质团); (h)褐色孢囊; (i)胶质卵囊(箭头所示)内有卵的白色孢囊
引自丁中等(2012)

贺沛成等(2012)从水稻根系及根系附近土壤中分离孢囊,在室内离体条件下,研究不同温度、水稻根系分泌物、土壤浸液、水稻根汁等因素对线虫孵化的影响,同时观察不同温度下二龄幼虫的存活能力。结果发现,旱稻孢囊线虫孵化的适宜温度为 28~32℃, 且在该温度范围内初孵二龄幼虫的存活率高、存活时间相对较长, 35℃下孵化率及初孵二龄幼虫的存活率、存活时间均明显下降, 40℃下无线虫孵化, 20℃下旱稻孢囊线虫孵化率仅为 0.9%, 4℃下可延长二龄幼虫的存活时间。水稻根系分泌物、土壤浸液和水稻 20 倍根汁对旱稻孢囊线虫孵化具有刺激作用, 5 倍根汁和 4 mmol/L 氯化锌溶液对旱稻孢囊线虫的孵化有抑制作用。

三、国内外关于水稻孢囊线虫防治方面的研究

在湖南, 旱稻孢囊线虫病一般发生在单季晚稻田和双季晚稻田, 发生时间为 7~11 月。水淹条件不利于旱稻孢囊线虫的侵入, 而直播直种的水稻管理方法(前期控水保苗, 中后期间歇灌溉)利于旱稻孢囊线虫病的发生(丁中等, 2012)。从经济角度, 水稻用熏蒸法防治线虫不切实际, 从耕作模式、覆盖种植和施用氮肥等方面来控制旱稻孢囊线虫病的发生是可行的。研究发现免耕和轮作能够降低旱稻孢囊线虫群体密度 (Ito et al., 2015), 覆盖种植可用于直接和间接地减少土壤中的植物寄生线虫种群, 覆盖作物可作为肥料输入土壤中, 增加养分和有机物, 改善土壤结构。例如, 黑麦和毛野豌豆覆盖作物并不直接影响旱稻孢囊线虫, 但土壤中线虫的丰富度增加, 与休耕相比显著降低旱稻孢囊线虫的比例。施氮虽然不能直接影响旱稻孢囊线虫的密度和比例, 但是可改善水稻的生长条件, 提供了一个有利的生境。因此, 可通过少量使用肥料控制根的生物量来降低旱稻孢囊线虫的为害。

目前, 旱稻孢囊线虫的寄主不仅仅是禾本科的水稻, 还能寄生于玉米中 (Luca et al., 2013), 这说明旱稻孢囊线虫的寄主范围可能更为广泛。玉米和水稻是重要的粮食作物, 因此, 应该加强对旱稻孢囊线虫病害的防范意识, 防止其大发生。

参 考 文 献

丁中, Namphueng J, 何旭峰, 等, 2012. 旱稻孢囊线虫生活史及侵染特性[J]. 中国水稻科学, 26(6): 746-750.

贺沛成, 洪宏, 伍敏敏, 等, 2012. 旱稻孢囊线虫 (*Heterodera elachista*) 孵化特性研究[J]. 植物保护, 38(1): 101-103.

李怡珍，金殿文，陈纯，1985. 水稻孢囊线虫鉴定初报[J]. 植物检疫，7(1)：54-57.

王水南，彭德良，黄文坤，等，2014. 旱稻孢囊线虫的快速分子检测[J]. 湖南农业大学学报（自然科学版），40(2)：178-182.

卓侃，宋汉达，王宏洪，等，2014. 旱稻孢囊线虫在广西的发生及其 rDNA-ITS 异质性分析[J]. 中国水稻科学，28(1)：78-84.

Babatola J O，1983. Pathogenicity of *Heterodera sacchari* on rice[J]. Nematologia Mediterranea，11(1)：21-25.

Bridge J，Luc M，Plowright R A，1990. Nematode parasites of rice[M]//Luc M，Sikora R A，Bridge J. Plant Parasitic Nematodes in Tropical and Subtropical Agriculture. Wallingford：CABI Publishing.

Ding Z，Namphueng J，He X F，et al.，2012. First report of the cyst nematode (*Heterodera elachista*) on rice in Hunan Province，China[J]. Plant Disease，96(1)：151.

Fortuner R，Merny G，1979. Root-parasitic nematodes of rice[J]. Revue de Nematologie，2(1)：79-102.

Golden A M，Birchfield W，1972. *Heterodera graminophila* n.sp. (Nematoda：Heteroderidae) from grass with a key to closely related species[J]. Journal of Nematology，4(2)：147-154.

Golden A M，Raski D J，1977. *Heterodera thornei* n. sp. (Nematoda：Heteroderidae) and a review of related species[J]. Journal of Nematology，9(2)：93-112.

Ibrahim S K，Perry R N，Plowright R A，et al.，1993. Hatching behaviour of the rice cyst nematodes *Heterodera sacchari* and *H. oryzicola* in relation to age of host plant[J]. Fundamental and Applied Nematology，16(1)：23-29.

Ito T，Araki M，Komatsuzaki M，2015. No-tillage cultivation reduces rice cyst nematode (*Heterodera elachista*) in continuous upland rice (*Oryza sativa*) culture and after conversion to soybean (*Glycine max*) in Kanto，Japan[J]. Field Crops Research，179：44-51.

Jayaprakash A，Rao Y S，1982. Life history and behaviour of the cyst nematode，*Heterodera oryzicola* Rao and Jayaprakash，1978 in Rice (*Oryza sativa* L.)[J]. Proceedings Animal Sciences，91(3)：283-295.

Kumari U，Kuriyan K J，1981. Cyst nematode，*Heterodera oryzicola*，on rice in Kerala I. Estimation of loss in rice due to *H. oryzicola* infestation，in field conditions[J]. Indian Journal of Nematology，11(1)：106.

Luc M，Sikora R A，Bridge J，2005. Plant Parasitic Nematodes in Subtropical and Tropical Agriculture[M]. 2nd Edition. Wallingford：CABI Publishing.

Luca F D，Vovlas N，Lucarelli G，et al.，2013. Heterodera elachista，the Japanese cyst nematode parasitizing corn in Northern Italy：integrative diagnosis and bionomics[J]. European Journal of Plant Pathology，136(4)：857-872.

Maafi Z T，Sturhan D，Kheiri A，et al.，2004. Morphology of some cyst-forming nematodes from Iran[J]. Russian Journal of Nematology，12(1)：59-77.

Ohshima Y，1974. *Heterodera elachista* n. sp.，an upland rice cyst nematode from Japan[J]. Japanese Journal of

Nematology, 4: 51-56.

Okada T, 1960. Nematode damage and method for nematode control[J]. Agriculture & Horticulture, 35: 1475-1478.

Rao Y S, Jayaprakash A, 1978. *Heterodera oryzicola* n. sp. (Nematoda: Heteroderidae) a cyst nematode on rice (*Oryza sativa* L.) from Kerala State, India[J]. Nematologica, 24(4): 341-346.

Subbotin S A, Mundo-Ocampo M, Baldwin J G, et al., 2010. Systematics of cyst nematodes (Nematodes: Heteroderinae), Volume 8, Part B[J]. Plant Pathology, 61(2): 424.

Tanha Maafi Z, Subbotin S A, Moens M, 2003. Molecular identification of cyst-forming nematodes (Heteroderidae) from Iran and a phylogeny based on ITS-rDNA sequences[J]. Nematology, 5(1): 99-111.

第八章 玉米孢囊线虫的危害和生物学研究进展

玉米孢囊线虫（*Heterodera zeae* Koshy, Swarup & Sethi, 1971）在印度拉贾斯坦邦首次发现（Koshy et al., 1971）。随后埃及（Aboul-Eid & Ghorab, 1981）、巴基斯坦（Maqbool, 1981; Maqbool & Hashmi, 1984; Shahina & Maqbool, 1990）、尼泊尔（Sharma et al., 2001）、美国（Stalcup, 2007）、泰国（Chinnasri et al., 1994）、葡萄牙（Correia & Abrantes, 2005）、希腊（Skantar et al., 2012）和阿富汗（Asghari et al., 2013）等均有发现玉米孢囊线虫的报道。玉米孢囊线虫病的发生和扩散是影响玉米产量和质量的一个重大隐患（Lauritis et al., 1983）。玉米是世界上三大粮食作物之一，种植面积仅次于水稻和小麦。虽然玉米孢囊线虫病在我国仅广西有相关报道，但我国是玉米生产大国，玉米分布范围很广，种植面积已达世界第二位，因此，应该对该病害有足够的了解和重视。玉米孢囊线虫（*H. zeae*）与大豆孢囊线虫（*H. glycines*）、甜菜孢囊线虫（*H. schachtii*）和燕麦孢囊线虫（*H. avenae*）均为孢囊线虫属。该属线虫为植物根部的定居型内寄生线虫，大多数卵都保留在孢囊内。玉米孢囊线虫危害玉米的根部，导致根部发生病变，影响玉米植株的正常生长和发育，进而影响玉米的产量和质量。玉米孢囊线虫病对玉米的危害曾对世界粮食安全有着深远的影响。1981年，Sardanelli等（1981）在美国马里兰首次发现玉米孢囊线虫，1984年，马里兰农业部门与美国农业部联合将玉米孢囊线虫作为检疫对象（Ringer et al., 1987）。目前，针对玉米孢囊线虫的相关研究主要集中在其形态学特征、危害情况、寄主范围及其生物学特性等方面。本章介绍该线虫的相关研究进展，为防止玉米孢囊线虫在我国发生危害提供参考信息。

一、玉米孢囊线虫形态学特征

（一）形态学特征测量数据比较

根据前人研究报道，汇总和比较了多例首次发现的不同玉米孢囊线虫群体的形态学特征（表 8-1）。

表 8-1　玉米孢囊线虫形态学特征测量值

标本类型	形态学特征	玉米孢囊线虫群体				
		Afghanistan（Asghari et al., 2013）	Greece（Skantar et al., 2012）	Portugal（Correia & Abrantes, 2005）	USA（Golden & Mulvey, 1983）	Thailand（Chinnasri et al., 1994）
孢囊	标本数量/个	8	5	20	40	25
	体长/μm	400～502（465±45.3）[a]	700～767（739.4±98.4）	400～685（541.5±87.9）[a]	428～785（565±92）	470～688.3（585.2±71.2）
	体宽/μm	311～401（366±44）	400～550（472.2±63.5）	300～530（390.5±63.9）	255～551（347±63）	392～528（454.9±31.2）
	体长/体宽	1.2～1.3	1.2～1.4	1.3～1.9	1.4～2.2	1.0～1.5
	颈长/μm	—	50～100（75.0±17.6）	45～110（66.5±16.7）	—	—
	阴门裂长/μm	33～43（38.8±3.3）	36～40（38.6±2.3）	31～39.5（35.1±2.5）	29～42（36.5±3.7）	41.4～47.2（44.2±1.6）
	膜孔长/μm	38～56（47.5±6.3）	50～55（52.5±2.5）	38～48（42.8±2.4）	35～45（40.4±3.3）	44.3～53.1（48.5±2.1）
	膜孔宽/μm	22～42（32.8±6.4）	32～35（33.6±1.5）	16.5～20（18.2±0.9）	—	—
	下桥长/μm	28～45（37±6.1）	40～50（45.0±5.0）	40～51（43.7±4）	30～41（36.8±3）	30.6～36.4（33.9±1.5）
二龄幼虫	标本数量/条	8	10	30	50	25
	体长/μm	381～452（426.4±26.6）	367～400（387±9.6）	400～500（447±22.9）	399～460（431±14）	416.5～483.5（451.7±18.8）
	尾长/μm	35～49（44±4.9）	42.5～46.0（42.9±2.3）	42.5～51.5（47.4±2.5）	40～49（44.2±2.4）	36.5～48.8（41.4±3.5）
	尾部透明区长/μm	22～27（24.4±2）	20.0～22.5（20.9±1.2）	19.5～26（23±1.9）	16.8～25.2（21.9±1.7）	20.8～26.4（24±1.5）
	口针长/μm	21～24（22±1.1）	19.7～20.0（19.9±0.1）	19.5～21.5（20.5±0.5）	19～20.7（19.8±0.4）	20.7～23.2（21.9±0.8）

注：a 表示体长不包括颈长，其他为体长包括颈长

（二）形态学特征描述

1. 巴基斯坦 Rajasthan 群体和希腊北部 Paleochori kavallas 玉米孢囊线虫群体

孢囊：玉米孢囊线虫在形态上与大豆孢囊线虫和甜菜孢囊线虫相似。玉

米孢囊线虫较小，柠檬形[图 8-1（a～c）]，黄褐色，孢囊表皮有 Z 形纹路（图 8-2e）；有突出的阴门锥，从阴门锥的正上方往下看，可以看到被阴门裂分开的双半膜孔（图 8-2d），再往下有阴门下桥，通常为蝴蝶结状，有时细长；阴门下桥下方有 4 个突出的指状泡囊，指状泡囊下有随机分布的长短不一的泡囊群[图 8-2（a～c）]。

二龄幼虫：虫体呈蠕虫形，圆柱状，到虫体尾部渐变细；头部钝圆硬化，唇区较高，有强壮的口针和明显的口针基球，基球呈锯齿状；虫体尾部有透明区，透明区有较明显的体环[图 8-1（d～f）；图 8-2（f～g）；图 8-2（i～j）]；虫体表有 4 条明显的侧线（图 8-2h）。

雄虫：玉米孢囊线虫的雄虫非常稀少，且为不定时发生（Srivastava & Chawla，2005）。玉米孢囊线虫雄虫虫体细长，蠕虫形，尖端渐变细；头部钝圆，有 4 个环纹，头骨架硬化；虫体有明显的角质层，并有整齐中等粗细的环纹；有强壮的口针和明显的口针基部球，其分布从虫体前端 2～3 个体环开始到虫体 8～9 个体环的位置结束；侧区有 4 条侧线，中间两条侧线间距较旁边两条侧线窄，侧区分布在虫体中间，其宽度小于虫体的 1/4。排泄孔在虫体前端 15%处（Hutzell，1984）。Lauritis 等（1983）的试验证明，玉米孢囊线虫在雄虫很少的情况下能继续繁殖，推测玉米孢囊线虫存在孤雌生殖。

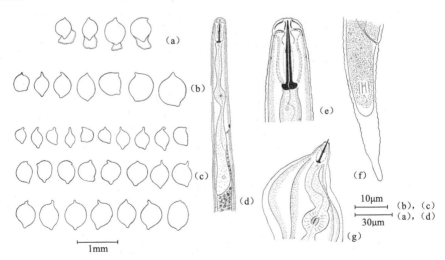

图 8-1 玉米孢囊线虫巴基斯坦 Rajasthan 群体的雌虫、孢囊及幼虫的形态
（a）带卵囊的雌虫；（b）雌虫；（c）孢囊；（d）二龄幼虫虫体前端；（e）二龄幼虫头部；
（f）二龄幼虫尾部；（g）雄虫虫体前端
图片来自 Koshy 等（1971）

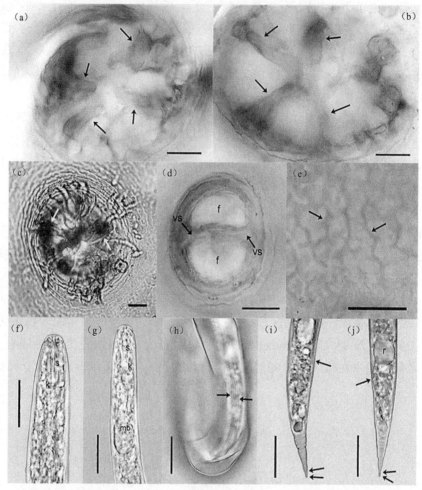

图 8-2 希腊北部 *Paleochori kavallas* 玉米孢囊线虫群体孢囊阴门锥形态和二龄幼虫形态

(a~b) 4 个指状泡囊； (c) 阴门锥随机分布的泡囊； (d) 阴门膜孔和阴门裂；
(e) 孢囊的表皮； (f~g) 二龄幼虫的头部包括口针、口针基球和中食道球；
(h) 虫体表 4 条侧线； (i~j) 虫体后部肛门区（单箭头），直肠（r）和锐圆的
尾部末端（双箭头）
所有比例尺均为 20 μm。图片引自 Skantar 等（2012）

2. 中国广西群体

孢囊（$n=20$）：形态测量值包括孢囊长 512.1（362.6~701.0）μm，孢囊宽 376.4（239.4~545.4）μm；孢囊长与孢囊宽之比为 1.4（1.1~1.9）；颈长 68.4（34.5~105.8）μm；阴门锥高 41.7（22.0~78.0）μm；阴门膜孔长

46.4（36.7～59.9）μm；阴门膜孔宽 31.3（24.8～38.5）μm；阴门裂长 37.5（34.6～40.1）μm，阴门下桥长 48.5（36.7～62.3）μm。

二龄幼虫（$n = 20$）形态学特征测量值包括虫体长 419.7（373.3～457.5）μm，口针长 20.9（19.2～22.8）μm，口针基部球圆形稍突出；尾长 42.7（41.6～44.3）m，有尾部透明区 25.8（23.3～27.8）μm（Wu et al.，2017）。形态学特征见图 8-3。

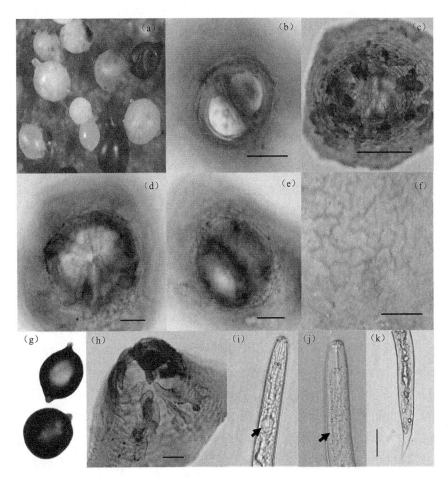

图 8-3 *Heterodera zeae* 广西群体的孢囊和二龄幼虫形态学特征（后附彩图）

（a）从感病玉米根上洗脱的新形成孢囊（白色和褐色）；（b）孢囊阴门区，包括双半膜孔、阴门裂和阴门桥；（c）阴门区有许多泡囊；（d）阴门区 4 个指状突起；（e）阴门下桥；（f）孢囊壁表皮之形花纹；（g）放大的孢囊形态；（h）阴门锥侧面观；（i～j）二龄幼虫前部，包括口针、口针基球，以及中食道球（箭头所指）；（k）尾部形态及透明区

比例尺为：（b）25 μm，（c）50μm，（d）25 μm，（e）25 μm，（f）25 μm，（g）100 μm，（h）25 μm，（i）50 μm，（j）25 μm，（k）25 μm

二、玉米孢囊线虫生物学特性及发生规律

孢囊线虫属于定居型内寄生线虫类群，温度在玉米孢囊线虫生物学中起着重要的作用，幼虫从孢囊中孵出的最适温度是25℃，孵化率91%。在10℃或15℃，只有10%～20%幼虫孵出。一旦将头部和虫体前部钻入根组织中，在正常情况下不再转移直至完成发育和生殖。在不同的环境下，玉米孢囊线虫从二龄幼虫到孢囊形成所经历的时间不同。二龄幼虫可以在雌虫表皮变黄或者变为亮褐色之前，即雌虫在未成熟时孵化出来。二龄幼虫在接种12 h后就侵入玉米的根部，在接种后第5 d侵染量达到最大，大多数二龄幼虫侵染发生在根部的伸长区，较少出现在分生组织区或根尖。在温度为27～38℃时，三龄幼虫、四龄幼虫出现的时间分别为接种二龄幼虫后的5～6 d和7～8 d。在印度，在一个玉米种植季里，玉米孢囊线虫可以发生5～6代（Hutzell，1984）。玉米孢囊线虫的生活史短，如果温度适宜（大约27～39℃）只需15～17 d。在作物生长季节线虫可以完成6～7代，因此，在印度玉米孢囊线虫是重要的经济害虫，玉米孢囊线虫对美国玉米产区也具有潜在的威胁，然而，它的传播和致病性因需要高温（>30℃）而被限制在美国东南部玉米种植带（Nickle，1991；Luc et al.，1990）。

在温室内，每天12 h光照的条件下，用新鲜的二龄幼虫接种生长12～15 d的玉米苗，发现玉米孢囊线虫在20～36℃均可侵染玉米的根，其最适温度为33℃，在该温度下完成1代需要15～20 d；在36℃下繁殖1代只需19～20 d；29℃和25℃时繁殖速度则相对较慢，完成1代分别需要28 d和42～43 d；低于20℃时，不能完成一个完整的生活史（Hutzell & Krusberg，1990）。在暗箱进行外植体培养，30℃时，从二龄幼虫侵入植物根部开始到出现第一批新孵化出的二龄幼虫需要22 d（Lauritis et al.，1983），且玉米孢囊在10℃和40℃均不孵化。影响玉米孢囊孵化出二龄幼虫的条件包括温度、寄主、体外培养液、土壤类型等，如土壤沥出液对玉米孢囊线虫的孵化有利；在含4 mmol/L的氯化锌溶液中培养比在纯水中培养的孵化率高；在同等条件下，用粉壤土和砂壤土比用沙子培养更适合二龄幼虫的孵化和侵染，而黏土被认为是最不适合玉米孢囊线虫生长的土壤类型（Hashmi & Krusberg，1995）。将砂壤土和沙子以2∶3的比例混合培养玉米孢囊线虫，是所有单个土壤类型培养中相对最有效的（Srivastava & Chawla，2005）。

三、玉米孢囊线虫的危害

玉米植株受玉米孢囊线虫侵染后生长发育不良，出现萎缩、矮小等症状；叶片发黄，叶色暗淡无光；被玉米孢囊线虫侵染的根不能很好地生长；受危害的玉米植株，抽穗相对未受危害的玉米植株早且玉米结实较小，玉米粒畸形等（Srivastava & Chawla，2005）。

玉米孢囊线虫给玉米产量和质量带来一定的影响。在印度，玉米的种植面积接近 740 万 hm^2，是该国主要粮食来源，因此玉米的生产意味着国家的粮食安全，而玉米孢囊线虫在印度首次发现后在印度多个玉米种植区扩散，已经成为危害印度玉米的最主要病害之一，对玉米产量甚至农业经济的发展有着重要影响。在印度，当平均每立方厘米砂壤土里有 5~6 条二龄幼虫时，可造成秋收季节玉米总产量下降 21%~29%；在美国危害最严重的 49 种外来病原物排名中，玉米孢囊线虫排在第 15 名，它给美国带来约 3.2 亿美元的经济损失（Srivastava & Chawla，2005）。

四、玉米孢囊线虫寄主植物

关于该线虫的寄主范围，据报道，除有稃型和硬粒型的玉米品种外，大多数玉米品种都是玉米孢囊线虫的寄主（Lauritis et al.，1983）。玉米孢囊线虫还可以侵染大麦（*Hordeum vulgare*）、小麦（*Triticum aestivum*）、燕麦（*Arena sativa*）、黑麦（*Secale cereal*）、水稻（*Oryza sativa*）、高粱（*Sorghum bicolor*）、谷子（*Setaria italica*）和甘蔗（*Saccharum officinarum*）等作物（Ringer et al.，1987；Srivastava & Jaiswal，2011），而小麦是否为寄主在早期的研究中是比较有争议的，Srivastava 和 Swarup（1977）指出，仅有少数的玉米孢囊线虫幼虫能在小麦上侵染和繁殖，小麦不是玉米孢囊线虫适合的寄主；Bhargava 和 Yadav（1979）提出小麦不是玉米孢囊线虫的寄主；Lauritis 等（1983）发现只有小麦的个别品种会受到玉米孢囊线虫的侵染，并且侵染性不强；Bajbaj 等（1986）在许多小麦地里发现玉米孢囊线虫。杂草也是玉米孢囊线虫的寄主之一，包括秋黍子（洋野黍）（*Panicum dichotomiflorum*）、草原看麦娘（狐尾草）（*Alopecurus pratensis*）、拂子茅（*Calamagrostis eipgeios*）、薏苡（*Coix Lachryma-Jobi*）、千金子（*Leptochloa dubia*）、毛线稷（*Panicum capillare*）、糜子（*Panicum miliaceum*）、狼尾草（*Pennisetum rueppeli*）、草芦（*Phalaris arundinacea*）、芦苇（*Phragmites australis*）、鸭茅状摩擦禾（*Tripsacum dactyloides*）、墨西哥类蜀黍（*Zea mexicana*）、稗子[*Echinochloa crusgalli*（L.）Beauv.]和香根草（*Vetiveria zizanioides*）等（Lal & Mathur，1982；Ringer et al.，1987；Srivastava & Jaiswal，2011）。果树也是玉米孢囊线虫的寄主，如扁桃树（*Prunus amygdalus*）、梨（*Pyrus* spp）、柑橘（*Citrus reticulata*）和无花果（*Ficus carica*）（Maqbool，1981；Golden & Mulvey，1983；Qasim & Ghaffar，1986）等。关于蔬菜类，番茄（*Lycopersicon esculentum*）、鹰嘴豆（*Cicer arietinum*）、大蒜（*Allium sativum*）、辣椒（*Capsicum annuum*）、茄子（*Solanum melongena*）和萝卜（*Raphanus sativus*）等研究结果不同（Maqbool，1981；Maqbool & Hashmi，1984；Shahzad & Ghaffar，1986；Srivastava & Jaiswal，2011）。

五、玉米孢囊线虫的防治

（一）化学防治

比较有效的防治方法为化学防治。对玉米孢囊线虫有较好作用的化学试剂为有机磷酸酯杀线虫剂和氨基甲酸酯杀线虫剂，而且采用喷雾的施药方法更有利于减少玉米孢囊线虫种群密度。土壤使用卡巴呋喃、硫线磷、甲拌磷等杀线虫剂进行防治，不仅可以相对有效地遏制玉米孢囊线虫的繁殖量，而且还对玉米产量的增长有促进作用（Hutzell，1984）。但随着一些杀线虫药剂的禁用，亟待新型药剂的研发。

（二）生物防治

植物提取素是一种较好防治玉米孢囊线虫的生物学试剂（Srivastava & Chawla，2005）。苦楝树的种子仁的粉末制剂或者苦楝树的植物提取素以一定的质量分数施用时，可有效降低玉米孢囊线虫在土壤中的密度，但是是否对玉米的生长发育及产量带来积极影响还没有实验证实。利用寄生植物线虫的真菌或细菌对玉米孢囊线虫进行防治也是重要的生物防治手段，已经有研究提出 *Cataneria*、*Verticillium* 和 *Gleocladium* 可以从被寄生的玉米孢囊线虫上分离得到，*Arthobotrytis coincides* 和 *Monacrosporium salinum* 在试管培养状态下可以杀死玉米孢囊线虫的二龄幼虫(Srivastava & Chawla, 2005)。但是这些菌株在玉米孢囊线虫的防治上都还没有得到推广利用。

(三) 农业防治

由于玉米孢囊线虫为专性寄生, 寄主大多为禾本科植物, 只要避免长期单一种类作物的种植就可有效地预防玉米孢囊线虫。如可以每隔两年与蔬菜、大豆和油菜籽等非玉米孢囊线虫寄主的植物轮作。这种防治方法可以有效地降低玉米孢囊线虫密度, 并且使其种群在经济阈值水平之下, 减轻危害发生。

(四) 抗性品种

抗性品种的使用是最有效也是最具有经济价值的防治植物寄生线虫的措施之一。目前对玉米孢囊线虫具有抗性的玉米品种筛选的研究很少, 只有印度和巴基斯坦有筛选出抗性品种的报道, 如印度的品种"Ageti-76"和"Karnal-I"属中等抗性, 巴基斯坦的"Sharad White""Gauhar""Azam"和"Composite-IS"也属中等抗性(Srivastava & Chawla, 2005)。

我国是世界第二大玉米生产国, 其产量约占我国粮食总产量的1/4。玉米生产区域分布广泛, 纵跨寒温带、暖温带、亚热带和热带生态区, 其中存在玉米孢囊线虫的适宜发生条件, 同时各玉米产区种植的玉米品种资源丰富多样, 并不明确各品种对玉米孢囊线虫的抗性。玉米孢囊线虫在我国已有小面积发生(Wu et al., 2017), 对我国玉米产业存在潜在风险, 应引起相关部门的足够重视, 避免该病害对我国的玉米产业造成影响。因此, 本章介绍了玉米孢囊线虫的国外研究进展, 对科研工作者对该病害在我国发生发展的监测、品种抗性的研究, 积极改善农田环境, 利用轮作、深耕的种植方式防治等具有重要意义。

参 考 文 献

Aboul-Eid H Z, Ghorab A I, 1981. The occurrence of *Heterodera zeae* in maize fields in Egypt[J]. Egyptian Journal of Phytopathology, 13(1-2): 51-61.

Asghari R, Pourjam E, Heydari R, et al., 2013. First report of corn cyst nematode, *Heterodera zeae* in

Afghanistan[J]. Australasian Plant Disease Notes, 8(1): 93-96.

Bajaj H K, Gupta D C, Dahiya R S, 1986. Development of *Heterodera zeae* Koshy et al. on wheat and maize[J]. Nematologica, 32(2): 209-215.

Bhargava S, Yadav B S, 1979. Host range study and evaluation of certain barley varieties to the maize cyst nematode: *Heterodera zeae*[J]. Indian Journal of Nematology, 9(1): 77.

Chinnasri B, Chitsomkid T N, Toida Y, 1994. *Heterodera zeae* on maize in Thailand[J]. Japanese Journal of Nematology, 24(1): 35-38.

Correia F J S, Abrantes I M O, 2005. Characterization of *Heterodera zeae* populations from Portugal[J]. Journal of Nematology, 37(3): 328-335.

Golden A M, Mulvey R H, 1983. Redescription of *Heterodea zeae*, the corn cyst nematode, with SEM observations[J]. Journal of nematology, 15(1): 60-70.

Hashmi S, Krusberg L R, 1995. Factors influencing emergence of juveniles from cysts of *Heterodera zeae*[J]. Journal of Nematology, 27(3): 362-369.

Hutzell P A, 1984. Description of male of *Heterodera zeae*[J]. Journal of Nematology, 16(1): 83-86.

Hutzell P A, Krusberg L R, 1990. Temperature and the life cycle of *Heterodera zeae*[J]. Journal of Nematology, 22(3): 414-417.

Koshy P K, Swarup G, Sethi C L, 1971. *Heterodera zeae* n. sp. (Nematoda: Heteroderidae), a cyst-forming nematode on Zea mays[J]. Nematologica, 16(4): 511-516.

Lal A, Mathur V K, 1982. Occurrence of *Heterodera zeae* on Vetiveria zizanioides[J]. Indian Journal of Nematology, 12(2): 405-407.

Lauritis J A, Rebois R V, Graney L S, 1983. Life cycle of *Heterodera zeae* Koshy, Swarup, and Sethi on *Zea mays* L. axenic root explants[J]. Journal of Nematology, 15(1): 115-119.

Luc M, Sikora R A, Bridge J, 1990. Plant Parasitic Nematodes in Subtropical and Tropical Agriculture[M]. Wallingford: CABI Publishing.

Maqbool M A, 1981. Occurrence of root-knot and cyst nematodes in Pakistan[J]. Nematologia Mediterranea, 9(2): 211-212.

Maqbool M A, Hashmi S, 1984. New host records of cyst nematodes, *Heterodera zeae* and *H. mothi* from Pakistan[J]. Pakistan Journal of Nematology, 2(2): 99-100.

Nickle W R, 1991. Manual of Agricultural Nematology[M]. New York: Marcel Dekker, Inc.

Qasim M, Ghaffar A, 1986. *Heterodera zeae* in rhizosphere of declining almond trees, Prunus amygdalus, in Baluchistan, Pakistan[J]. Nematologica Mediterrania, 14(1): 159.

Ringer C E, Sardanelli S, Krusberg L R, 1987. Investigations of the host range of the corn cyst nematode, *Heterodera zeae* from Maryland[J]. Journal of Nematology, 19(1): 97-106.

Sardanelli S, Krusberg L R, Golden A M, 1981. Corn cyst nematode, *Heterodera zeae*, in the United States[J]. Plant Disease, 65(7): 622.

Shahina F, Maqbool M A, 1990. Distribution of corn cyst and cereal cyst nematodes in Pakistan[J]. International Nematology Network Newsletter, 7(3): 38-40.

Shahzad S, Ghaffar A, 1986. Tomato, a natural host of *Heterodera zeae* in Pakistan [J]. International Nematology Network Newsletter, 3(4): 38.

Sharma S B, Pande S, Saha M, et al., 2001. Plant parasitic nematodes associated with rice and wheat based cropping systems in Nepal [J]. International Journal of Nematology, 11(1): 35-38.

Skantar A, Handoo Z, Zanakis G, et al., 2012. Molecular and morphological characterization of the corn cyst nematode, *Heterodera zeae*, from Greece[J]. Journal of Nematology, 44(1): 58-66.

Srivastava A N, Chawla G, 2005. Maize cyst nematode, *Heterodera zeae* – A Key nematode Pest of Maize and its Management[M]. New Delhi: Indian Agricultural Research Institute: 18.

Srivastava A N, Jaiswal R K, 2011. Host and non host status of plant species or the maize cyst nematode, *Heterodera zeae*, in India[J]. Nematologica Mediterrania, 39(2): 203-206.

Srivastava A N, Swarup G, 1977. Preliminary studies on some graminacious plants for their susceptibility to the maize cyst nematode *Heterodera zeae*[J]. Indian Journal of Nematology, 5(2): 257-259.

Stalcup L, 2007. Corn cyst nematode[J]. Farm Industry News, 40(11): 82-84.

Wu H Y, Qiu Z Q, Mo A S, et al., 2017. First report of *Heterodera zeae* on maize in China [J]. Plant Disease, 101(7): 1330.

第九章　甜菜孢囊线虫生物学

甜菜是重要的经济作物，也是我国主要糖料作物之一。甜菜喜温凉气候，有耐寒、耐旱、耐碱等特性，是适应性广、抗逆性强的作物。甜菜作为制糖原料栽培，主要分布在 45°～65°N 的冷凉地区，包括黑龙江、吉林、内蒙古、新疆、河北、辽宁、山西、甘肃、山东、江苏等省（自治区）。目前主要产区分布在东北（35%）、西北（34%）和华北（23%）（韩秉进和朱向明，2016）。

甜菜孢囊线虫（*Heterodera schachtii*）是甜菜上的一种主要寄生线虫，也是甜菜上重要的并具有经济意义的寄生线虫，被列入《中华人民共和国进境植物检疫潜在危险性病、虫、杂草名录》。在甜菜产区，它严重影响植物的生长和产量。1859 年在德国首次报道，1895 年在美国首次报道，至今在美国 17 个州被发现。目前，甜菜孢囊线虫已在全球甜菜产区的 39 个国家发现。

一、甜菜孢囊线虫形态学特征

雌虫：体长 626～890 μm，体宽 361～494 μm，口针长 27 μm；食道长 28～30 μm，角质层厚度 9～12 μm。成熟雌虫虫体肥大有明显的颈（图 9-1）。虫体白色，虫体瓶形，头颈于寄主植物根内，身体膨大部分露在根外面。阴门锥被携带卵的胶质团所覆盖。头部小，颈部急剧膨大呈圆柱形；排泄孔位于肩部，从此处开始虫体膨大而呈近球形，直到阴门锥处变小，肛门位于亚尾端。头骨架弱小，口针弱而小，具有小的基部球，中食道球明显，球形。食道腺覆盖肠的腹面和侧面。双卵巢长而卷曲，少部分卵产于胶质团内，大部分卵仍留在体内。成熟雌虫和新生孢囊的表面覆盖一层白色蜡状物，俗称亚晶层，当孢囊落在土壤中时，亚晶层自然脱落。

雄虫：体长 1119～1438 μm；体宽 28～42 μm；a: 32～48，口针长 29 μm；交合刺长 34～38 μm；引带长 10～11 μm；虫体通常为直线形，热杀死后虫体后 1/4 呈螺旋形卷曲 90°～180°；尾部钝圆，尾长仅为体宽的 1/2。体表

第九章 甜菜孢囊线虫生物学

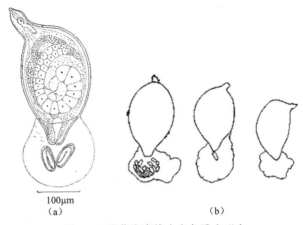

图 9-1　甜菜孢囊线虫白色雌虫形态

资料来源：http://plpnemweb.ucdavis.edu/nemaplex/images/G060S71.gif

环纹清晰，侧区有 4 条刻线，无网格状结构。头部缢缩，呈圆屋顶状，有 3~4 个环纹，头部骨架对称。裂缝状的侧器孔开口于侧区部接近口孔的开口处。口针发达，基部球前端凹陷；中食道球纺锤形，食道腺覆盖肠的侧腹面，背食道腺开口于口针基部球后 2 μm 处，另 2 个亚腹食道腺开口处则在中食道球内近瓣膜处。排泄孔位于中食道球后 2~3 个体宽处。半月体在排泄孔前 6~10 个体环处。交合刺向腹弯曲，后部略呈小球状，在前端有刻痕，引带结构简单。

二龄幼虫：侵染性二龄幼虫，体长 435~492 μm；体宽 21~22 μm；口针长 25 μm（Raski，1950）。头部缢缩，呈半球形，具有 4 个环纹，头架骨粗壮，对称。小的侧器孔位于侧区部近口的开口处。体表环纹间距在口针处为 1.4 μm，而在虫体中部为 1.7 μm。侧区刻线 4 条，口针中度粗壮，长 20~30 μm，具有向前突出的基部球。食道前体部似雄虫，但中食道球更突出，背食道腺开口于基部球后 3~4 μm 处。肛门模糊，位于距尾端 4 倍体宽处。尾部尖锐锥形，末端钝圆，尾部透明区长度为口针长度的 1.25 倍。生殖原基具有两个细胞核，位于虫体中部靠后位置。侧尾腺模糊，位于肛门稍后。

孢囊：当雌虫死后，表皮鞣革化，呈褐色，粗糙，且有微小的皱褶，形成有保护层的孢囊，孢囊内含有许多卵（500~600 个），从寄主根上脱落于土壤中。典型的甜菜孢囊为黄褐色，柠檬形。孢囊阴门裂几乎等长于阴门桥，膜孔长平均 45 μm。阴门膜孔为双窗型，此区域在较老的孢囊中就只剩下 2 个孔或者被阴门桥分成 2 个半膜孔。在阴门锥内，有阴道连接的阴门下桥和许多规则排列的泡状结构,泡状突发达,位于阴门之下。下桥臂细长,颜色浅,上下桥臂端无分叉。

二、甜菜孢囊线虫为害症状

H. schachtii 可侵染整个生育期的甜菜根系,发病植株在田间呈块状分布(图 9-2)。病株地下部侧根增多,整个根系呈簇须状,功能根减少,根表面有球状白色雌虫和褐色孢囊(图 9-3、图 9-4)。植株地上部表现为生长不良、瘦弱、黄矮,发病严重的植株在成熟前叶片萎蔫,甚至导致苗死亡。

图 9-2 甜菜被甜菜孢囊线虫为害症状(后附彩图)
资料来源:http://nematode.unl.edu/extpubs/wyosbn.htm

图 9-3 甜菜根上的白色孢囊(后附彩图)
资料来源:http://www.ipmimages.org/browse/subthumb.cfm?sub=13001

图 9-4 甜菜（左）和白菜（右）上的白色雌虫（后附彩图）

图片由加利福尼亚大学河滨分校 Ole J. Becker 教授提供

三、甜菜孢囊线虫生物学特性

甜菜孢囊线虫是专性植物根部定居型内寄生线虫。线虫以含有卵和二龄幼虫的孢囊形式存活在土壤中，土壤温度（21～27℃）、湿度及寄主等条件适宜时，根系分泌物刺激卵的孵化，二龄幼虫从卵中孵出，二龄幼虫为线形，是侵染性虫态，二龄幼虫通过土壤向根系移动，侵入寄主根组织内，移动到皮质组织，诱导取食点的细胞形成合胞体（Nvyss et al., 1984），建立寄生关系，线虫不断从合胞体内吸收营养，经三次蜕皮度过三龄、四龄后到成虫期，最后发育成为柠檬形的成虫。由于虫体膨胀撑破寄主根表皮露出表面，初为白色雌虫，头部仍留在皮层细胞内，有生命力。在生长季节，一个雌虫可产生 100～600 个卵，大多数卵仍在雌虫体内，只有少部分排到雌虫后部胶质的卵囊内（Roberts & Thomason, 1981）。当雌虫死亡，其表皮鞣革化，形成黄色或黄褐色孢囊，保护体内的卵。孢囊脱落于土壤中，遇到合适的条件，孢囊内卵孵化出二龄幼虫，再次侵染寄主植物。在三龄幼虫时期出现性别分化，雄成虫停止取食，雄虫成熟后离开根系进入根围区，寻找暴露在根表面的雌虫，与雌虫交配，不久死亡。卵孵化最适宜温度为 25℃，二龄幼虫在 15℃土壤中活动能力最强，最适发育温度为 18～28℃。其生活史因土壤温度不同，一般 4～6 周，一年内发生的世代数取决于寄主生长的土壤平均温度，在温带，如欧洲的中西部一年可发生两个完全世代，第三个世代因秋季低温不能完成其生活史；在温暖地区，如地中海、中东地区则可产生较多世代，在美国加利福尼亚一季甜菜上可完成3～5个世代。到生长后期，随着植株根的衰朽，充满卵的孢囊逸落土中。孢囊内的卵在土壤中基本上保持休眠状态，并可存活多年，每年仅有少数（约1%）的卵孵化出囊，这样随着种子的连续种植，就会有大量的卵积累下来，条件适宜时再孵化侵染。

温度与线虫的发育有直接的关系。来自犹他州的 Lewistion 群体和爱达荷州的 Rupert 群体，从 J2 到 J3、J4、成虫、新一代 J2 出现，在土壤温度为18～28℃时，平均发育时间分别是5.2 d（100 degree-days）、7.3 d（140 degree-days）、11.8 d（225 degree-days）和20.9 d（399 degree-days）（基本温度为8℃）。当初始群体密度为每立方厘米土壤中12个卵时，土壤发生5代104.6 d（1995 degree-days）时，抑制87%甜菜生长，同样的初始群体密度发生2代的情况下，抑制47%甜菜生长。线虫的初始群体密度（Pi）、最终群体密度（Pf）和甜菜产量有显著的负相关。Pi 越小，甜菜产量越高，同时 Pf 也越大。当两个群体的 Pi 分别为每立方厘米土壤0.4个和7.9个卵时，根的产量分别是80 t/hm^2 和29 t/hm^2，Pf 分别为每立方厘米土壤8.4个和3.6个卵，土壤温度为8℃。经济阈值为每立方厘米土壤2个卵，为使线虫群体密度降低到经济阈值以下，与非寄主作物轮作的年限因 Pi 而定，当 Pi 为每立方厘米土壤33.8个卵时，需要轮作5年，而当 Pi 为每立方厘米土壤8.4个卵时只需轮作2年（Griffin，1988）。

Cooke 和 Thomason（1979）发现在加利福尼亚帝国谷（Imperial Valley of California）甜菜的"忍耐限度"为每克土壤中1个卵。在爱达荷州的中南部和俄勒冈东部的经济阈值分别为每克土壤中2个卵和3.5个卵（Griffin，1981）；在荷兰经济阈值是每克土壤中3～8个卵（Griffin，1988）；在英格兰月平均温度不超过17℃，经济阈值是每克土壤中10～20个卵（Jones，1945）；而德国研究者报道，当4月种植甜菜时经济阈值为每立方厘米土壤20个卵，但如果播种推迟到5月中旬，经济阈值下降为每立方厘米土壤2.5个卵（Griffin，1988）。

四、甜菜孢囊线虫的危害与分布

甜菜孢囊线虫是为害甜菜最严重的有害生物之一。19世纪下半叶，在欧洲，因该线虫的为害甜菜大量减产，致使许多甜菜加工厂关闭。另外，甜菜孢囊线虫对十字花科其他许多作物也产生严重危害，如白菜、萝卜等，图 9-5 为萝卜根内甜菜孢囊线虫二龄幼虫，当土壤中该线虫二龄幼虫的群体密度达到每克土壤 18 条时，可使菠菜减产 40%，甘蓝减产 35%，大白菜减产 24%。同时，田间存在其他病原物如真菌、病毒时，还可以发生复合侵染，加重危害和损失。甜菜孢囊线虫分布在全球各甜菜产区，包括亚洲、欧洲、非洲、南美洲和大洋洲。

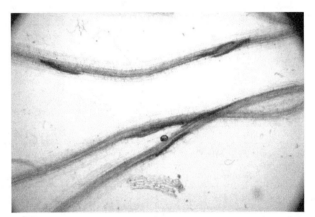

图 9-5　萝卜根内甜菜孢囊线虫二龄幼虫（酸性品红染色）（后附彩图）

五、甜菜孢囊线虫寄主植物

甜菜胞囊线虫的寄主范围很广，有 23 科 95 属 218 种植物，包括大田作物、蔬菜、观赏植物和杂草，模式寄主植物是甜菜（*Beta vulgaris*）。主要为害十字花科和藜科植物，还可侵染蓼科、石竹科、苋科、马齿苋科、豆科、茄科、蝶形花科、唇形花科、玄参科、商陆科、伞形科等多种植物和杂草。涉及的具体植物见表 9-1（Steele，1965）。

表 9-1　甜菜孢囊线虫（*H. schachtii*）的寄主

属名	拉丁名	属名	拉丁名
石竹属	*Dianthus barbatus* L.（须苞石竹）	群心菜属	*Cardaria pubescens*（C. A. Mey）Roll.（毛果群心菜）
	D. caryophyllus（香石竹）	岩荠属	*Cochlearia armoracia*（山葵）
	D. deltoides L.（西洋石竹）		*C. glastifolia* L.
	D. plumarius L.（常夏石竹）		*C. officinalis* L.（岩荠，辣根菜）

续表

属名	拉丁名	属名	拉丁名
石竹属	*Dianthus* sp.（康乃馨）	菠菜属	*Spinacia oleracea* L.（冬菠菜）
	Dianthus spp.（石竹）		*Alliaria officinalis* Bieb.（葱芥）
石头花属	*Gypsophila acutifolia* Fisch（丝石竹）	葱芥属	*argenteum*（银雪球）
	G.elegans Bieb（缕丝花）		*maritimum* L.（香荠）
肥皂草属	*Saponaria ocymoides* L.（岩生肥皂草）	线果芥属	*Conringia orientalis*（L.） Dum.（兔耳朵白菜）
	S.officinalis L.（肥皂草）	臭荠属	*Coronopus ruellii*（臭荠）
蝇子草属	*Silene.armeria* L.（高雪轮）	播娘蒿属	*Descurainia sophia*（L.） Prantl.（播娘蒿）
	S.maritima With（海滨蝇子草）	二行芥属	*Diplotaxis erucoides*（L.） DC.（白壁芸苔）
	S.nutans L.（欧亚蝇子草）	糖芥属	*Erysimum allionii*（西伯利亚桂竹香）
	S.quadrifida L.		*E. capitatum*（桂竹香）
	S.saxifraga L.（针叶雪轮）		*E. cheiranthoides* L.（小花糖芥）
繁缕属	*Stellaria media*（L.）Vill.（繁缕）		*E.heiraciifolium* L.（山柳菊叶糖芥）
	Stellaria spp.	香花芥属	*Hesperis matronalis* L.（萝卜花）
麦蓝菜属	*Vaccaria pyramidata* Med.（麦蓝菜）	屈曲花属	*Iberis coronaria* Hort.（冠状蜂室花）
滨藜属	*Atriplex confertifolia*（T&F）S. Wats		*I. umbellata* L.（伞形屈曲花）
	A. hastalam	菘蓝属	*Isatis tinctoria* L.（菘蓝）
	A. hortensis L.（榆钱菠菜）	独行菜属	*Lepidium sativum* L.（家独行菜）
	A. horteusis L.v.rubra. Mop.	缎花属	*Lunaria annua* L.（银扇草）
	A. Lentiformis		*L. biennis*（黄金葛）
	A. leucophylla	涩荠属	*Malcolmia maritima*（L.） R. Br.（海滨希腊芥）
	A. littorale	诸葛菜属	*Moricandia sonchifolia*（诸葛菜）
	A. patula L.（草地滨藜）	鸟眼芥属	*Myagrum perfoliatum* L.
	A. polycarpa	豆瓣菜属	*Nasturtium microphyllum*（Boenn.） Rchb.
	A. rosea L.（光滨藜）		*N. officinale* R. Br.（豆瓣菜）
甜菜属	*Beta atriplicifolia*	岩盾荠属	*Peltaria alliacea* Jacq.
	B. atriplicifolia Rouy ×*B. vulgaris* L.（Fa）	萝卜属	*Raphanus maritimus* Sm.
	B. corolliflora Zoss.		*R. raphanistrum* L.（野萝卜）
	B. intermedia Bunge		*R. sativus* L.（萝卜）
	B. lomatogona Fisch. &Meyers	蔊菜属	*Rorippa amphibia*（L.） Besser（两栖蔊菜）

续表

属名	拉丁名	属名	拉丁名
甜菜属	*B. macrocarpa* Guss.	蔊菜属	*R.islandica*（Oeder）Borbas（西欧蔊菜）
	B. macrorrhiza	白芥属	*Sinapis alba* L.（白芥）
	B. maritima L.		*S.arvensis* L.（新疆白芥）
	B. patellaris Moq.		*S.irio* L.（水蒜芥）
	B. patula Ait		*S.officinale*（L.）Scop.（钻果大蒜芥）
	B. patula Soland		*S.orientale* L.（东方大蒜芥）
	B. trigyna Wald. et Kitt.	大蒜芥属	*Sisymbrium austriacum* Jacq.
	B. vulgaris L.（甜菜）		*S. sophia* L.（播娘蒿）
	Beta vulgaris L. v. *cicla* L.（叶甜菜）	菥蓂属	*Thlaspi arvense* L.（菥蓂）
藜属	*Chenopodium album* L.（白花藜）	何首乌属	*Fallopia convolvulus* L.（蔓首乌）
	C. ambrosioides v. *chilensis* Schrad.（土荆芥）	蓼属	*Polygonum lapathifolium*（酸模叶蓼）
	C. bonus henricus L.		*P.persicaria* L.（春蓼）
	C. ficifolium Sm.（小藜）	黄精属	*Polygonatum punctatum*（点花黄精）
	C. glaucum L.（灰绿藜）	大黄属	*Rheum rhaponticum* L.（食用大黄）
	C. hybridum L.（大叶藜）	酸模属	*Rumex acetosella* L.（小酸模）
	C. murale L.（墙生藜）		*R.alpinus* L.（高山酸模）
	C. polyspermum L.（多籽藜）		*R.confertus* L.（密生酸模）
	C. rubrum L.（红叶藜）		*R.crispus* L.（皱叶酸模）
	C. urbicum L.（市藜）		*R.maritimus*（刺酸模）
	C. vulvaria L.（菊叶香藜）		*R.obtusifolius* L.（钝叶酸模）
菠菜属	*Spinacia glabra* Mill.（夏菠菜）		*R.palustris* Sm.（沼泽酸模）
	S. oleracea L.（菠菜）		*R.patientia* L.（巴天酸模）
庭荠属	*Alyssum marilimum* Lam.（香荠）		*R.pulcher* L.（琴叶酸模）
	A. montanum.（山庭荠）		*R.sanguineus* L.（红脉酸模）
	A. saxatile L.（岩生庭荠）	马齿苋属	*Portulaca grandiflora* Hook（大花马齿苋）
	A. spinosum（刺庭荠）		*P.oleracea* L.（马齿苋）
南芥属	*Arabis arenosa* Scop.	柳穿鱼属	*Linaria vulgaris*
	A. Bellidifolia	番茄属	*Lycopersicon esculentum* Mill.（番茄）
	A. caucasia Willd.（花园南芥）		*L. pimpinellifolium* Mill.（醋栗番茄）
	A. muralis Bertol	酸浆属	*Physalis* sp.（金皇后番茄）
	A. turrita L.		*Physalis* sp.（黄梨番茄）

续表

属名	拉丁名	属名	拉丁名
辣根属	*Armoracia lapathifolia* Gilib.（山葵）	智利喇叭花属	*Salpiglossis sinuata*（智利喇叭花）
南庭荠属	*Aubrieta columnea* Guss.	茄属	*Solanum douglasii*
山芥属	*Barbarea longirostris*		*S. Melongena*
	B. vulgaris R. Br.（欧洲山芥）		*S. nigrum* L.（龙葵）
团扇荠属	*Berteroa incana*.（L.）DC.（团扇荠）	旱金莲属	*Tropaeolum peregrinum*（裂叶旱金莲）
双盾荠属	*Biscutella auriculata* L.	莳萝属	*Anethum graveolens* L.（莳萝）
	B. laevigata L.（李果荠）	峨参属	*Anthriscus cerefolium*
芸薹属	*Brassica campestris* L.（油菜）	毒参属	*Conium maculalum* L.（毒堇）
	B. caulorapa Pasq.（结球甘蓝）	菜豆属	*Phaseolus vulgaris* Linn.（菜豆）
	B. cernua Thbg.（芥）	豌豆属	*Pisum sativum* L.（豌豆）
	B. juncea（芥菜）	田青属	*Sesbania macrocmpa*（田青）
	B. juncea.（L.）Czern. & Coss.（芥菜）	野豌豆属	*Vicia* sp.（紫色野豌豆）
	B. napobrassica Mill.（芜菁甘蓝）	豇豆属	*Vigna sinensis* Endl.
	B. napus L.（欧洲油菜）	罂粟属	*Papaver rhoeas* L.（虞美人）
	nigra（L.）Koch.（黑芥）	商陆属	*Phytolacca acinosa* Roxb.（商陆）
	B. oleracea L.（甘蓝，花椰菜，抱子甘蓝，卷心菜）	商陆属	*P. americana* L.（垂序商陆）
	B. oleracea L. v. *acephala* DC.（羽衣甘蓝）	吉莉属	*Gilia capitata*（球吉莉）
	B. oleracea L. v. *capitata* L.（结球甘蓝）	鼬瓣花属	*Galeoposis pyrenaica* Bartl
	B. oleracea L. v. *gemmifera* Zenk.（抱子甘蓝）		*G. speciosa* Mill.（大花鼬瓣花）
	B. oleracea L. v. *gongylodes*（擘蓝）		*G. tetrahit* agg.（鼬瓣花）
	B. pekinensis（Lour.）Rupr.（大白菜）	大豆属	*Glycine max*（L.）Merr.（大豆）
	B. rapa L.（芜菁）	山黧豆属	*Lathyrus odoratus* L.（香豌豆）
亚麻荠属	*Camelina sativa*（L.）Crantz（亚麻荠）	胡枝子属	*Lespedeza stipulacea*（Maxim.）Makino（长萼鸡眼草）
	C. bursa-pastoris（L.）Medic（荠菜）		*L. Striata*（Thunb）H.& A.
	C. impatiens L.（弹裂碎米荠）	苜蓿属	*Medicago hispida*（南苜蓿）
	C. pratensis L.（草甸碎米荠）		

六、甜菜孢囊线虫传播途径

远距离传播主要是通过调运寄主植物及其黏附着的土壤进行。在田间，可以通过风雨、灌溉、农事操作传播。土壤传播：此线虫的孢囊脱落于土壤中，其内含大量的卵，可以随着土壤作远距离传播；种子传播：随混在种子中的病土及病残体作远距离传播(印度曾从混于种子中的残体和土壤中 8 次截获到此线虫的含活性卵的孢囊，从受污染的种子样品中检出 3 次)；工具传播：田间耕作时使用的工具和运输工具携带土壤可进行传播；寄主植物传播：在幼虫期都寄生在植物根内，可随植物的运输而传播；其他传播：可随田间灌溉水及落场病土传播。

七、甜菜孢囊线虫检验方法

甜菜孢囊线虫为我国公布的《中华人民共和国进境植物检疫潜在危险性病、虫、杂草名录》中规定的二类危险病害，并且是《中蒙植物检疫双边协定》规定的检疫性线虫，应加强检疫，严格限制引种数量。入境口岸需严格检验，经检验未发现病原线虫的甜菜种子，应指定试种地区，进行检疫监管。

取土壤或植物根所携带的土壤，采用漂浮法分离土壤(含根部土壤)中的孢囊，用贝尔曼漏斗法和浅盘法分离根内和土壤中的幼虫和雄虫，然后进行形态鉴定。孢囊也可采用高岭土分离法进行分离。其方法是：①用 40 目和 100 目标准筛，常规过筛法分离土样，40 目标准筛滤去土壤中碎屑，将 100 目标准筛上的沉积物收集到 100 ml 烧杯中；②再将烧杯中的沉积物转移到 50 ml 离心管，加入少量高岭土到离心管(不用精确，大概 1/16 茶匙的量)；③用搅拌棒混匀悬液；④搅拌均匀后 2000~2100 r/min 离心 2~5 min，至形成一个小团；⑤去掉上清液后，加入蔗糖溶液(588 g/L)进行回溶(加入量不用精确，玻璃棒充分搅拌)；⑥2000 r/min 离心 4 min；⑦轻轻倒出含有孢囊的上清液通过 100 目标准筛；⑧用水冲洗筛子，并收集孢囊，即可得到较理想的孢囊。

八、甜菜孢囊线虫防治方法

1. 加强检疫

加强检疫，防止甜菜孢囊线虫扩散蔓延。

2. 选用抗(耐)病品种

在发病重的田块，与不耐病的品种相比，应用耐病品种的每英亩[①]增产 15 t。甜菜孢囊线虫在耐病品种上可以发育和繁殖，种植户要特别谨慎地用这些耐病

---

① 1 英亩≈4046.86 m^2。

品种，因为他们会导致品种抗性的改变，而且这些品种非常易感由 *Cercospora* 和 *Rhizoctonia* 引起的真菌性病害，同时要注意适当利用杀真菌的药剂。

3. 轮作与非寄主作物轮作

种植小粒谷类作物，如玉米、大豆或苜蓿等会通过自然衰退减少土壤中线虫群体数量。一般轮作 3～4 年，土壤中甜菜孢囊线虫的群体数量可下降到不影响下一年感病作物的生长。

4. 杂草防除

控制甜菜孢囊线虫的寄主类杂草，比如藜、荠菜、苋、繁缕、马齿苋等。

5. 诱捕作物

利用种植某种线虫可以侵染但不能成功发育的作物，可降低线虫群体数量 80%～90%。油料型萝卜作为一种诱捕作物被成功地应用于防治甜菜孢囊线虫，然而只有少数几个品种达到较好的效果，如品种 Defender、Image 和 Colonel。收获小麦后播种萝卜，每英亩播种 10～20 lb[①]，萝卜需要生长 60 d 才能有效地降低甜菜孢囊线虫的数量。Pile Drive 和 Ground Hog 是甜菜孢囊线虫的极好寄主，因此，不要使用它们做诱捕作物。

6. 早播

在土壤温度（低于 15℃）不适合线虫侵染时播种。

7. 避免带有甜菜孢囊线虫的杂物进入土壤

8. 生物防治

有一些新的包括使用生防菌剂的生物防治方法，如 Clariva（*Pasteuria* spp.）是一种能形成内生孢子的细菌，可以侵染甜菜孢囊线虫，减少土壤中线虫群体数量。

9. 其他防控措施

正在进行研究的有助于防控甜菜孢囊线虫的方法包括种子处理、叶面喷施诱抗剂和土壤施用杀线虫剂。

甜菜孢囊线虫是甜菜上的一种重要害虫。应对所有潜在病害的地块进行甜菜孢囊线虫监测，在甜菜生长旺盛时期进行土壤取样。需要对它进行综

---

① 1 lb≈0.454 kg。

合防治，包括轮作、诱捕作物的利用及耐病品种的应用等。

参 考 文 献

韩秉进，朱向明，2016. 我国甜菜生产发展历程及现状分析[J]. 土壤与作物，5(2)：91-95.

中华人民共和国国家质量监督检验检疫总局，2002. 甜菜胞囊线虫的检疫鉴定方法：SN/T 1140—2002[S]. 北京：中国标准出版社.

Cooke D A, Thomason I J, 1979. The relationship between population density of *Heterodera schachtii*, soil temperature, and sugarbeet yields[J]. Journal of Nematology, 11(2): 124-128.

Evans K, Trudgill D L, Webster J M, 1993. Plant Parasitic Nematodes in Temperate Agriculture[M]. Wallingford: CABI Publishing: 648.

Griffin G D, 1981. The relationship of plant age, soil temperature, and population density of *Heterodera schachtii* on the growth of sugarbeet[J]. Journal of Nematology, 13(2): 184-190.

Griffin G D, 1988. Factors affecting the biology and pathogenicity of *Heterodera schachtii* on sugarbeet[J]. Journal of Nematology, 20(3): 396-404.

Jones F W G, 1945. Soil populations of beet eelworm (*Heterodera schachti*i Schm.) in relation to cropping[J]. Annals of Applied Biology, 32(4): 351-380.

Khan M F R, Arabiat S, Chanda A K, et al., 2016. Sugar Beet Cyst Nematode[M]. Fargao: NDSU Extension Service.

Maggenti A R, 1981. General Nematology[M]. New York: Springer-Verlag: 372.

McKenry M V, Roberts P A, 1985. Phytonematology Study Guide[M]. Riverside: University of California Division of Agriculture and Natural Resources Publication.

Nickle W R, 1984. Plant and Insect Nematodes[M]. New York: Marcel Dekker.

Nvyss U, Stender C, Lehmann H, 1984. Ultrastructure of feeding sites of the cyst nematode *Heterodera schachtii* Schmidt in roots of susceptible and resistant *Raphanus sativus* L. var. *oleiformis* Pers. Cultivars[J]. Physiological Plant Pathology, 25(1): 21-37.

Radewald J D, 1978. Nematode diseases of Food and Fiber Crops of the Southwestern United States[M]. Riverside: University of California Press.

Raski D J, 1950. The life history and morphology of the sugar-beet nemarode, *Heterodera schacktii* Schmidt[J]. Phytopathology, 40(2): 135-152.

Roberts P A, Thomason I J, 1981. Sugarbeet Pest Management: Nematodes[M]. Riverside: Division of Agricultureal Sciences University of California.

Steele A E, 1965. The host range of the sugar beet nematode, *Heterodera schachtii* schmidt[J]. Journal of American Society of Sugar Beet Technology, 13(7): 573-603.

第十章　孢囊线虫病的防控

防控孢囊线虫病的方法多种多样，如农业防治、化学防治和生物防治等。近年来，应用最广泛的是化学杀线虫剂，尽管化学杀线虫剂对线虫作用快速高效、效果好，但是却对环境造成污染，影响生态多样性并危害人类健康。因此，开发利用对环境友好的方法代替化学杀线虫剂是全球各地科研人员研究的热点。种植抗病品种是目前控制孢囊线虫最经济有效的管理策略之一。

一、抗（耐）性品种利用

对于禾谷孢囊线虫而言，麦类作物的感病性和产量损失按下列顺序增加，黑麦和冬大麦、春大麦、冬小麦、春小麦、冬燕麦、春燕麦。种植具有抗性和耐病性的品种是生产上防治禾谷孢囊线虫的有效方法。抗性定义为宿主降低或抑制线虫繁殖的能力。与抗性相对应的是易感性。线虫能在易感作物上大量繁殖。抗性的好处是它能够降低土壤中的线虫群体密度，从而降低线虫对下一季麦类作物造成损失的风险。然而，即使当通过抗性阻止或抑制线虫繁殖，但通常仍有侵染性幼虫侵入并损伤抗性植物的根，降低抗病作物的产量。耐病性是指作物在孢囊线虫侵染的情况下有较强忍受力的特性。虽然也会染病，但产量可接受。耐病性可以通过比较具有高或低（或零）线虫群体的相邻地块中的作物产量来评估，也可以通过在自然感染的地块中对比化学杀线虫剂处理和未处理的地块种植的作物产量，或在未感染地块的相邻地块接种线虫进行产量对比来估计。值得注意的是，耐病性仅仅通过当前作物的产量来评估，而不是指下季作物的产量。无耐病性的作物在有禾谷孢囊线虫侵染的地块中产量显著下降（Smiley，2010）。

种植抗性品种是控制孢囊线虫危害、减少作物产量损失的最佳途径之一。不同品种的抗性机制存在差异，包括抗孵化、抗侵入、抗发育和抗繁殖等。品种抗性的鉴定常用方法如下：①温室人工接种；②田间自然病圃鉴定；③根尖对线虫的吸引。并多以单株白雌虫数法、平均单株雌虫鉴定法、相对抗病指数法和繁殖系数法进行评价。

在我国，近年关于孢囊线虫的品种抗性研究得较多。菲利普孢囊线虫（*Heterodera filipjevi*）是我国黄淮麦区新发现的一种病原线虫，但在小麦属中缺乏有效抗源。采用室内接种平均单株雌虫鉴定法和相对抗病指数法，从34份卵穗山羊草（*Aegilops geniculata* Roth）材料中筛选出6份抗 *H. filipjevi* 的种质材料，其中 PI 542187 表现高抗，PI 564186、PI 573396、PI 374365、PI 361880 和 PI 374365 表现抗病，中国春-卵穗山羊草染色体附加系抗性鉴定发现卵穗山羊草 7U^g 和 5M^g 附加系的单株白雌虫数明显低于中国春（邢小萍等，2014a）。

采用南澳大利亚研究所（South Australian Research and Development Institute，SARDI）研发的基于 DNA 技术的土传病害检测服务系统（Ophel-Keller et al.，2008）对土壤中病原线虫进行分子检测，结果显示抗禾谷孢囊线虫的加拿大硬粒小麦品种 Waskana 和 Waskowa 根际土壤中的线虫虫卵量低于感病小麦品种，因此种植后可能降低土壤中禾谷孢囊线虫的危害。3年的田间病圃和温室接种鉴定，也表明 Waskana 和 Waskowa 对 *H. filipjevi*（河南许昌群体，Hfc-1 致病型）和 *H. avenae*（河南荥阳群体，Ha43 致病型）都有很强的抗性，单株孢囊数显著少于感病的普通小麦品种矮抗 58、石 4185 和温麦 19。显微镜下观察可见两种线虫的幼虫都能够侵入 Waskana 和 Waskowa 的根组织内，但是根组织内的线虫数量显著少于感病对照的普通小麦品种，最终在根系上形成的可见孢囊数量也较少。Waskana 和 Waskowa 为我国选育抗禾谷孢囊线虫品种提供了很好的新抗源材料（高秀等，2012）。

崔磊等（2012）利用 Pluronic F-127 胶体为介质，研究了小麦-黑麦 6R（6D）染色体代换系（带有抗病基因 *CreR*）、太空6号和豫麦49根尖对线虫的吸引性。结果显示，无论品种的抗性水平如何，其根尖单独存在时均能够吸引线虫的二龄幼虫；当3个品种（系）的根尖同时存在时，小麦-黑麦 6R（6D）根尖吸引的二龄幼虫数量显著少于太空6号和豫麦49。不论抗性水平高低，二龄幼虫都能侵入寄主的根组织，但侵染后期，小麦-黑麦 6R（6D）和太空6号根中的线虫数量显著少于豫麦49。表明虽然线虫能够侵入抗病品种的根组织，但是大部分二龄幼虫不能继续发育而形成孢囊。

在我国，对大豆孢囊线虫的研究较早，关于大豆孢囊线虫生理小种的鉴定及大豆种质资源抗性的评价研究较多。中国农业大学通过温室盆栽实验对300份大豆种质抗大豆孢囊线虫3号生理小种和4号生理小种的抗性进行了评价。分别获得高抗和中抗3号生理小种的大豆种质27份和21份；高抗和中抗4号生理小种的大豆种质11份和9份。研究表明，抗性材料的抗性特性能阻碍大豆孢囊线虫的发育，进而降低最终的孢囊数量（刘树森等，2015）。不同大豆品种对大豆孢囊线虫的发育及繁殖的影响不同。如辽K89102为抗侵入型品种，Peking、PI 90763、应县小黑豆、磨石豆和Franklin等的根内线虫在从J2向J3或J3向J4发育过程中受抑制，有不同程度的抗线虫发育特性，同时，不同品种对其根内线虫的雌雄分化有较大影响（吴海燕等，2005）。

在河南省，通过对47个主推的小麦品种对 *H. avenae* 荥阳群体和 *H. filipjevi* 许昌群体的抗性研究发现，供试小麦品种对两种孢囊线虫均表现感病或高度感病。根据相对抗病指数法的评价结果，太空6号、新麦11、中育6号和新麦18对 *H. avenae* 荥阳群体表现抗病，其余品种均表现中度以上感病；田间病圃鉴定条件下，依据单株白雌虫数法评价，太空6号和新麦18对 *H. avenae* 荥阳群体表现高抗，中育6号、新麦11等10个品种表现中抗，其余品种均表现为感病或高感；中育6号和太空6号对 *H. filipjevi* 许昌群体表现高抗，偃展4110、濮麦9号和豫农201表现中抗，其余品种均表现感病。依据相对抗病指数法评价，太空6号对 *H. avenae* 荥阳群体表现高抗，新麦18、中育6号和新麦11表现抗病；中育6号、太空6号对 *H. filipjevi* 许昌群体表现高抗，偃展4110、濮麦9号、豫农201、豫农949表现抗病。依据繁殖系数法评价，太空6号、新麦11、中育6号和新麦18对 *H. avenae* 荥阳群体表现抗病，太空6号、中育6号、濮麦9号和濮优938对 *H. filipjevi* 许昌群体表现抗病，其余品种表现感病。3种方法的抗性评价结果不完全相同，相对抗病指数法与单株白雌虫数法的评价结果在一定程度上有一致性，可部分克服因感病程度悬殊而导致评价不一致的问题，因而可作为小麦品种抗禾谷孢囊线虫的鉴定方法（邢小萍等，2014b）。

二、轮作在防控孢囊线虫上的应用

小麦连作后禾谷孢囊线虫的发生呈上升趋势，休闲或轮作一年以上可有效地降低土壤中禾谷孢囊线虫的虫口密度。河北地区禾谷孢囊线虫孵化高峰期主要在 3~4 月份。休闲一年后禾谷孢囊线虫的减退率为 89.8%。小麦与茄子、甜瓜和冬瓜轮作一年后禾谷孢囊线虫减退率分别为 93.8%、90.7%和 90.7%，轮作两年后禾谷孢囊线虫减退率为 98.8%。在自然病田，小麦连作一年后虫口密度上升 36.8%，连作两年后虫口密度上升 49.2%（李秀花等，2013a）。

土壤质地对禾谷孢囊线虫的侵染、发育及其种群动态会产生影响。河北地区，在小麦整个生长季中，在不同土质中禾谷孢囊线虫 J2 的种群变化趋势一致。土壤中含壤土比例越高，J2 数量越多；J2 在壤土与砂土比为 6∶1 和 1∶0 的土壤中侵入根系的数量最多，单株根系 J2 数量为 672.7~685.0 条，且土壤中砂土比例越大，J2 侵入数量越少，相应地根系内 J3 和形成的孢囊数量也越少；在生长季末不同土质中孢囊内虫口总减退率无显著差异（李秀花等，2013b）。

湖北地区，轮作作物蚕豆、油菜和豌豆，均可降低土壤中禾谷孢囊线虫的数量。利用盆栽试验，蚕豆、油菜和豌豆轮作分别可使禾谷孢囊线虫孢囊数减少 14.67%、5.33%和 2.67%，分别降低平均单孢囊卵数 89.71%、90.05%和 91.72%。田间试验，蚕豆、油菜和豌豆分别使禾谷孢囊线虫孢囊数降低 45.04%、42.31%和 37.37%，平均单孢囊卵数分别降低 57.41%、64.04%和 84.15%（罗书介等，2015）。

在大尺度上，感病地块禾谷孢囊线虫群体的水平分布是不均匀的（图 10-1）。当行距是 25 cm，在种植行之间有较多的孢囊线虫群体（表 10-1，图 10-2，图 10-3），且 79%的孢囊分布在 0~20 cm 的土层中（表 10-1，图 10-4）。轮作会影响土壤中孢囊线虫群体数量，如与玉米轮作将会减少孢囊线虫群体的数量。在线虫感染严重的地块，休闲并不能减少土壤中孢囊的数量，经 3 年的轮作，在轮作过程中，分别以玉米、大豆、棉花和花生为轮作作物，在小麦收获时间和轮作作物收获后进行取样（表 10-2、表 10-3），2012 年小麦收获时各轮作处理土壤中的孢囊数量均高于 2011 年和 2013 年收获时土壤中的孢囊数量，在玉米和花生轮作体系中，2013 年收获时土壤中孢囊的数量明显低于 2011 年和 2012 年，孢囊数量分别减少 35%和 73%，而在休闲体系中，无论在小麦收获时还是在轮作作物收获后孢囊数量没有显著差异（图 10-5）（He et al.，2016）。

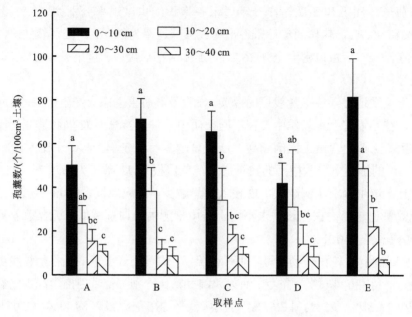

图 10-1 感病地块中 5 个取样点 4 个土层的孢囊数量

表 10-1 小麦种植行及行间禾谷孢囊线虫孢囊分布情况

项目	土层深度	不同取样点孢囊密度*/(个/100 cm³ 土壤)				
		左 10 cm	左 5 cm	种植行	右 5 cm	右 10 cm
白色雌虫	0～10 cm	14.8	7.3	19.7	18.9	16.7
	10～20 cm	15.1	13.5	7.8	8.8	15.7
	20～30 cm	4.5	8.3	2.8	7.2	2.0
	30～40 cm	3.2	2.3	1.2	3.5	2.2
褐色孢囊	0～10 cm	47.8	43.4	53.7	36.4	51.8
	10～20 cm	25.5	11.9	28.2	22.2	27.5
	20～30 cm	9.8	14.4	9.8	13.0	10.8
	30～40 cm	6.9	6.0	3.8	8.4	6.1

* 数值是 5 个样点的平均数,包括附在根系上和脱落到土壤中的孢囊

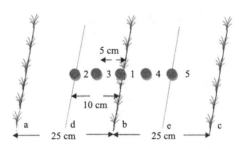

图 10-2 禾谷孢囊线虫调查取样点示意图

a, b 和 c 分别是小麦种植行; d, e 代表种植行的中间; 1, 2, 3, 4 和 5 代表取样点, 1 代表取样中心点（种植行上）, 2, 3 和 4, 5 分别为距离中心点 5 cm 和 10 cm

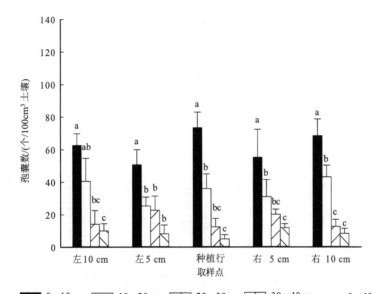

图 10-3 感病地块中不同种植行不同土层中孢囊数量

孢囊的行间分布左 5 cm 和左 10 cm, 右 5 cm 和右 10 cm 分别指取样点距种植行 5 cm 和 10 cm

表 10-2 轮作体系基本概况

轮作体系	作物	株间距/cm	行间距/cm	品种
小麦-休闲（W-F）	小麦	2	25	济麦 22
小麦-玉米（W-M）	玉米	25	75	郑丹 958
小麦-大豆（W-S）	大豆	5	50	鲁豆 4
小麦-棉花（W-C）	棉花	30	90	鲁棉研 22
小麦-花生（W-P）	花生	8	50	丰花 6

表 10-3 播种、收获和取样时间

项目	小麦	玉米	大豆	棉花	花生
播种时间	2010.10.04	2011.06.23	2011.06.23	2011.05.10	2011.05.10
	2011.10.09	2012.06.20	2012.06.20	2012.05.10	2012.05.10
	2012.10.06	2013.06.20	2013.06.20	2013.05.10	2013.05.10
收获时间	2011.06.18	2011.09.24	2011.09.24	2011.09.30	2011.09.24
	2012.06.20	2012.09.24	2012.09.24	2012.09.24	2012.09.24
	2013.06.18	2013.09.25	2013.09.25	2013.09.25	2013.09.25
第一轮作期取样	2011.06.24	2011.06.24	2011.06.24	2011.06.24	2011.06.24
	2011.09.24	2011.09.24	2011.09.24	2011.09.24	2011.09.24
第二轮作期取样	2012.06.20	2012.06.20	2012.06.20	2012.06.20	2012.06.20
	2012.09.24	2012.09.24	2012.09.24	2012.09.24	2012.09.24
第三轮作期取样	2013.06.20	2013.06.20	2013.06.20	2013.06.20	2013.06.20
	2013.09.25	2013.09.25	2013.09.25	2013.09.25	2013.09.25

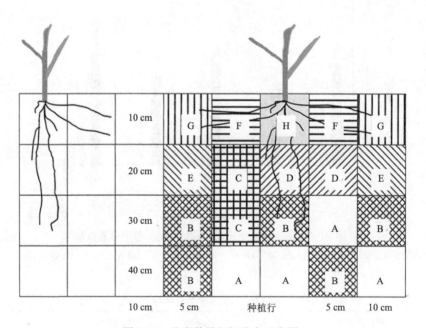

图 10-4 孢囊数量行间分布示意图

图中字母表示 100 cm^3 土壤中孢囊的数量（包括新形成的孢囊和上一年的孢囊）；A：0～10；B：10～20；C：20～30；D：30～40；E：40～50；F：50～60；G：60～70；H：>70。前茬作物为冬小麦，品种为济麦 22，取样时间为 2011 年 6 月 21 日，小麦成熟但没收获

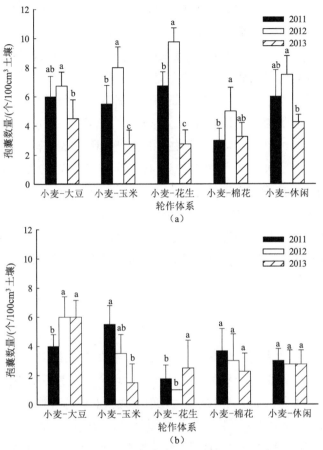

图 10-5 不同轮作体系中孢囊数量的变化
(a) 小麦收获时；(b) 轮作物收获时

三、孢囊线虫的生物防治

孢囊线虫是为害作物的主要病原线虫之一，该线虫隶属于孢囊线虫属，寄生于植物的根系，影响植物正常生长。孢囊线虫病对农业生产影响很大，严重时能使作物减产（梁旭东等，2014；李秀花等，2015）。孢囊线虫的分布范围广，存活时间长，难以防治。目前，我国大豆和小麦受孢囊线虫的危害严重。大豆孢囊线虫病在黑龙江、吉林、辽宁、内蒙古、山东、河北、山西、安徽、河南、北京等省（自治区、直辖市）都有发生（宛煜嵩和王珍，2004），禾谷孢囊线虫病在安徽、山西、山东、河南、河北、甘肃等省发生严重（俞翔等，2012；张东霞，2012；邹宗峰等，2012；张树武等 2014；李秀花等，2015；李惠霞等，2016）。研究者对孢囊线虫的防治进行了大量相关研究。目前，孢囊线虫的防治主要依赖化学防治。随着人们环境保护意识的增强，生物防治成为病害防治的主流。

生物防治是利用一种有益生物拮抗另外一种有害生物的方法。真菌、细菌和放线菌等微生物的种类和数量多，分布范围广。已有研究表明，某些微生物能寄生于孢囊线虫，或其代谢产物对孢囊线虫具有毒杀作用。研究者利用微生物的这些特征来控制孢囊线虫病。在中国 12 个省市的大豆田块的根围土中检测到被毛孢属和巴斯德氏芽菌属生防菌，且巴斯德氏芽菌属生防菌的数量随着大豆孢囊线虫数量的增加而增多（Ma et al.，2005）。微生物抑制孢囊线虫群体数量的原理，是孢囊线虫生活的土壤中或孢囊线虫的虫体上存在对线虫具拮抗效果的微生物，当拮抗微生物达到一定数量将会降低孢囊线虫群体的数量。

（一）真菌对孢囊线虫的作用

大豆孢囊线虫的密度随着其生态环境中寄生真菌的增多而减少，连作感病地块里的寄生真菌含量和种类比其轮作地块高，在大豆孢囊线虫侵染的地块，真菌群体的生态抑制对减少大豆孢囊线虫群体起着重要作用（宋洁等，2016）。研究者发现了多种对孢囊线虫具有防治作用的真菌，如淡紫拟青霉、土曲霉、草酸青霉和镰孢菌等。淡紫拟青霉作为重要的植物寄生线虫生防真菌在大豆孢囊线虫和蔬菜根结线虫的防治上开始推广应用，其在禾谷孢囊线虫的防治上也具有应用潜力（张春龙等，2014）。不同浓度的土曲霉（*Aspergillus terreus*）分生孢子悬浮液对禾谷孢囊线虫的卵有明显的寄生和抑制孵化作用（坚晋卓等，2016）。

生物的多样性决定了寄生于孢囊线虫的真菌的多样性，近年来，研究者从大豆孢囊线虫和禾谷孢囊线虫的上分离得到多个孢囊线虫的生防真菌。厚坦普奇尼亚菌（*Pochonia chlamydosporia*）为大豆孢囊线虫抑制性土壤中卵寄生优势真菌，是欧洲禾谷孢囊线虫衰退的主要原因，是最具开发价值的生防真菌之一（Kerry，1975；Kerry et al.，1984）；我国用厚垣普奇尼亚菌菌株制成的"线虫必克"和淡紫色拟青霉菌菌株制成的"灭线灵"商品制剂，田间防效较好（Dong & Zhang，2006）；林茂松（1990a）从山东胶州大豆孢囊线虫卵中分离到的草酸青霉（*Penicillium oxalicum*）、枝顶孢霉菌（*Acremonium persicinum*）、地霉菌（*Geotrichum* sp.）、茄病镰刀菌（*Fusarium solani*）和尖孢镰刀菌（*Foxysporum schlecht*）均能寄生于大豆孢囊线虫卵上，寄生率分别为43%、28%、21%、29%和37%。其中，5%的草酸青霉和茄病镰刀菌菌剂对大豆孢囊线虫的盆栽防治效果好，防效分别为72%和70%，且这两种真菌是大豆的非病原菌；同时发现茄病镰刀菌对大豆孢囊线虫卵的重寄生能力高达49%，该菌和柱孢菌的分生孢子萌发后可直接穿透卵壁，寄生于卵（林茂松，1990b）。

从禾谷孢囊线虫孢囊上分离得到的寄生真菌黑曲霉属真菌HN214与曲霉属真菌HN132发酵液对禾谷孢囊线虫具有毒杀作用，4倍稀释液处理禾谷孢囊线虫的校正死亡率分别达到99.7%和96.6%；而真菌HN132发酵液的8倍稀释液处理盆栽后，孢囊减少率达64.1%；球孢白僵菌（*Beauveria bassiana*）08F04菌株，田间防效可达58.5%（张辉民等，2013）。河南禾谷孢囊线虫孢囊上分离获得的毛壳菌（*Chaetomium* sp.）、茄病镰刀菌（*Fusarium solani*）、草酸青霉（*Penicillium oxalicum*）、茄匍柄霉属（*Stemphylium sonali*）和层出镰刀菌（*Fusarium proliferatum*）5个菌株，均对禾谷孢囊线虫具有寄生作用，在小麦的灌浆期平均防治效果均在35%以上（袁虹霞等，2011）。同样，从禾谷孢囊线虫孢囊上分离得到的寄生性真菌菌株Z2（格孢腔菌目Pleosporales）和Z4（拟青霉属 *Paecilomyces sp.*）对禾谷孢囊线虫病具有防治效果，防效均达50%（鲍亮亮等，2012）。长枝木霉（*Trichoderma longibrachiatum*）的分生孢子悬浮液对禾谷孢囊线虫二龄幼虫具有明显的致死和寄生作用，侵染初期大量分生孢子吸附或寄生于虫体体壁，并在分生孢子寄生的部位出现明显的缢缩。侵染后期寄生于虫体的分生孢子萌发产生大量菌丝，并形成致密的菌网将虫体缠绕或穿透虫体体壁，有些虫体会完全被分解。用浓度为$1.5×10^7$ CFU/ml的长枝木霉分生孢子悬浮液处理72 h后，二龄幼虫的死亡率和校正死亡率分别为91.3%和90.4%，14 d后对二龄幼虫的寄生率为88.7%（张树武等，2014；Zhang et al.，2014）。钱洪利等（2009）研究发现明尼苏达被毛孢的代谢物原液及5倍、10倍、20倍、50倍稀释液作用于大豆孢囊线虫二龄幼虫24 h后，死亡率分别为91%、75%、50%、36%、31%，显著高于无菌水对照7.2%，且致死率随时间的延长而逐渐提高。李维根（2006）通过田间试验表明厚垣轮枝菌颗粒剂用于防治大豆孢囊线虫有良好的防治效果,以 500~800g/亩①用药量施药 1 次,防效为 73.0%~80.5%。由此可见,孢囊上寄生的真菌对孢囊线虫具有较大的防治潜力。

(二)细菌对孢囊线虫的作用

在孢囊线虫侵染过程中,根际细菌可能对根际生物群落的变化起着重要作用(Zhu et al.,2013)。近年来,研究者发现多种细菌对孢囊线虫具有防治效果。从宁夏大豆田中分离获得的荧光假单孢菌 NXXJ1225 和枯草芽孢杆菌 NXXJ0624 的发酵液均对大豆孢囊线虫二龄幼虫具毒杀作用,且前者对大豆孢囊线虫的孵化具有抑制作用,抑制率为 67.78%(王媛媛和思彬彬,2016)。生防细菌 Sneb152、Sneb572、Sneb877、Sneb1076、Sneb1401 和 Sneb1499 不仅能诱导大豆抗孢囊线虫抑制线虫群体,还能显著促进大豆生长,有一定的增产效果(闫继辰等,2016)。生防细菌在田间的应用相对于真菌来说比较少,石凤梅(2009)通过田间试验显示,BT 悬浮菌剂(4000 国际单位)对大豆孢囊线虫有较好的防效,试验中的防效达 49.3%~62.1%,并有一定的增产效果。目前已有多种利用根际细菌制成的植物寄生线虫商用制剂,如用坚强芽孢杆菌制成的 Bionem、Bio-Nemax、BioSafe、VOTiVO 和 Nortica 已经用于作物孢囊线虫病的防治(金娜等,2015)。

(三)放线菌对孢囊线虫的作用

放线菌是一种重要的微生物资源,已报道的多种抗生素是由放线菌产生的,在农业上应用较多的有井冈霉素、春日霉素等,其中阿维菌素广泛应用于线虫的防治,包括对孢囊线虫的防治。从东北和华北等地区采集的土样中获得对大豆孢囊线虫有抑制作用的放线菌菌株,其中,C49 和 C44 菌株的发酵液对大豆孢囊线虫二龄幼虫有较强的杀死作用;C25-3、H-2、C49、H-4 和 C44 菌株的发酵液对大豆孢囊线虫孢囊孵化和二龄幼虫活性均有不同程度的抑制作用,C25-3 发酵液的 4 倍稀释液对二龄幼虫具有杀死作用,处理 24 h 后二龄幼虫校正死亡率达到 94.8%;同时 C49、C25-3、C58 菌株发酵液对大豆孢囊线虫孢囊的孵化具有抑制作用,相对抑制率分别达 89.5%、89.5%、88.8%(陈立杰等,2008)。随后,研究者发现海洋放线菌 M1D14 发酵液代谢产物对大豆孢囊线虫幼虫具有毒力(田阳等,2012)。项

---

① 1 亩约为 666.67 m²。

鹏等（2016）从大豆根系土样中获得的放线菌菌株 XFS-4、XFS-5 和 CL-4，发酵液对大豆孢囊线虫孢囊孵化的相对抑制率分别为 92.6%、88.5% 和 86.7%；菌株 XFS-4、XFS-5、CL-4 和 BJ-4 的发酵液对二龄幼虫均有毒杀作用，校正死亡率均在 70% 左右。委内瑞拉链霉菌（*Streptomyces venezuelae*）代谢产物原液和 10 倍数稀释液处理 24 h 后，对大豆孢囊线虫卵孵化及二龄幼虫活性有显著影响（Shiomi et al.，2005）。因此，利用放线菌这一生物资源，是开发新型的生物源杀线虫一个重要途径。

四、展望

孢囊线虫的防治需要采取"预防为主，综合治理"的策略，在线虫产生危害之前应做好预防措施，使线虫种群数量较稳定地被抑制在造成作物损害的水平之下。必须因时、因地、因虫制宜，协调运用各项必要的防治措施，取长补短，充分发挥各项措施最大威力，取得最好的防治效果。抗病品种的利用和生物防治是目前最有前途的方式，虽然大量具有生防潜力的微生物被研究报道，但目前大部分仍停滞在实验室研究开发阶段，未能大面积推广应用。主要是因为对生防微生物的大规模生产工艺、包装储存和运输等商品化技术缺乏研究，因此室内所筛选的生防微生物无法大规模生产和适时、安全地到达田间进行应用。今后应加强科研与生产的结合，加快生防制剂商品化进程，优化发酵工程技术，提高有效活性物质产率，研发出好的剂型，尽快推出高效低价、使用简便的商品化生防菌产品。

参 考 文 献

鲍亮亮，张笑宇，周洪友，2012. 禾谷孢囊线虫生防真菌的筛选及其生物学特性的研究[J]. 内蒙古农业科技，40(3)：86-88，93.

陈立杰，陈井生，段玉玺，等，2008. 防治大豆孢囊线虫的生防放线菌初步筛选[J]. 植物保护，34(3)：116-119.

陈申宽，闫路海，刘玉良，等，2007. 厚垣轮枝菌 G 防治大豆孢囊线虫病的试验研究[J]. 植物医生，20(6)：28-29.

崔磊，高秀，王晓鸣，等，2012. 不同抗性小麦根与菲利普孢囊线虫（*Heterodera filipjevi*）互作的表型特征[J]. 作物学报，38(6)：1009-1017.

高秀，崔磊，李洪连，等，2012. 硬粒小麦品种 Waskana 和 Waskowa 对禾谷孢囊线虫（*Heterodera filipjevi* 和 *H.avenae*）的抗性[J]. 作物学报，38(4)：571-577.

坚晋卓，徐鹏刚，张虎忠，等，2016. 真菌 AT9 对禾谷孢囊线虫的寄生作用及种类鉴定[J]. 甘肃农业大学学报，51(5)：71-77.

金娜，刘倩，简恒，2015. 植物寄生线虫生物防治研究新进展[J]. 中国生物防治学报，31(5)：789-800.

李惠霞，刘永刚，朱锐东，等，2016. 甘肃省小麦禾谷孢囊线虫的发生及分布[J]. 植物保护，42(3)：170-174.

李维根，2006. 厚垣轮枝菌颗粒剂防治大豆田孢囊线虫药效试验[J]. 辽宁农业科学，(4)：52.

李秀花，高波，马娟，等，2013a. 休闲与轮作对燕麦孢囊线虫种群动态的影响[J]. 麦类作物学报，33(5)：1048-1053.

李秀花，高波，王容燕，等，2015. 河北省禾谷孢囊线虫种群密度和冬小麦产量损失的关系[J]. 植物保护学报，42(1)：124-129.

李秀花，马娟，高波，等，2013b. 不同土壤质地对禾谷孢囊线虫侵染及种群动态的影响[J]. 植物保护学报，40(6)：523-528.

梁旭东，张龙，管廷龙，等，2014. 禾谷孢囊线虫初始密度对其繁殖及小麦生长和产量的影响[J]. 麦类作物学报，34(8)：1136-1140.

林茂松，1990a. 土壤真菌防治大豆孢囊线虫的效果测定[J]. 中国油料作物学报，12(3)：63-65.

林茂松，1990b. 真菌寄生大豆孢囊线虫的初步研究[J]. 生物防治通报，6(1)：38-42.

刘树森，杨巧，简恒，2015. 大豆种质资源对大豆孢囊线虫的抗性评价[J]. 植物病理学报，43(3)：317-325.

罗书介，王高峰，肖炎农，等，2015. 轮作对禾谷孢囊线虫田间种群数量的影响[C]//中国植物病理学会 2015 年学术年会论文集.

钱洪利，许艳丽，孙玉秋，等，2009. 明尼苏达被毛孢代谢物对大豆胞囊线虫二龄幼虫的影响[J]. 大豆科学，28(1)：118-121.

石凤梅，2009. BT 悬浮菌液（4000 国际单位）防治人豆胞囊线虫的初步研究[J]. 黑龙江农业科学，(4)：71-72.

宋洁，许艳丽，姚钦，2016. 大豆胞囊线虫主要寄生真菌对大豆耕作系统的响应[J]. 大豆科学，35(3)：461-467.

田阳，李平，张莉，等，2012. 海洋放线菌 M1D14 代谢产物对几种重要植物寄生线虫的抑制作用[J]. 植物保护，38(4)：96-100.

宛煜嵩，王珍，2004. 中国大豆孢囊线虫抗性研究进展[J]. 分子植物育种，2(5)：609-619.

王媛媛，思彬彬，2016. 宁夏大豆根际细菌对大豆胞囊线虫的毒性[J]. 农药，55(11)：844-846.

吴海燕，段玉玺，李进荣，2005. 不同大豆品种与 SCN3 号生理小种互作效应研究[J]. 植物病理学报，35(4)：305-311.

项鹏, 张武, 李宝华, 等, 2016. 黑河地区大豆胞囊线虫生防放线菌的初步筛选[J]. 中国植保导刊, 36(7): 5-8.

邢小萍, 杨静, 袁虹霞, 等, 2014a. 普通小麦–卵穗山羊草种质对菲利普孢囊线虫的抗性[J]. 作物学报, 40(11): 1956-1963.

邢小萍, 袁虹霞, 孙君伟, 等, 2014b. 河南省小麦主推品种对2种禾谷孢囊线虫的抗性及其评价方法[J]. 作物学报, 40(5): 805-815.

闫继辰, 王媛媛, 朱晓峰, 等, 2016. 诱导大豆抗胞囊线虫病和根腐病的生防细菌研究[J]. 安徽农业科学, 44(9): 134-139.

俞翔, 吴慧平, 马骥, 等, 2012. 安徽颍上县禾谷类孢囊线虫发生与危害[J]. 植物保护, 38(5): 124-127.

袁虹霞, 陈莉, 张飞跃, 等, 2011. 小麦禾谷孢囊线虫生防真菌的筛选与鉴定[J]. 植物保护学报, 38(1): 52-58.

张春龙, 肖炎农, 向妮, 等, 2014. 淡紫拟青霉防治小麦禾谷孢囊线虫病研究[J]. 植物保护, 40(4): 181-184.

张东霞, 2012. 山西省小麦孢囊线虫病的分布与防控对策[J]. 农业技术与装备, (2): 26-28.

张辉民, 黄文坤, 孔令安, 等, 2013. 禾谷孢囊线虫生防真菌的分离鉴定及初步应用[J]. 华北农学报, 28(4): 190-194.

张洁, 袁虹霞, 孙炳剑, 等, 2013. 小麦孢囊线虫病生防真菌08F04菌株的鉴定及防效测定[J]. 中国生物防治学报, 29(4): 509-514.

张树武, 徐秉良, 薛应钰, 等, 2014. 长枝木霉对小麦禾谷孢囊线虫的致死作用[J]. 应用生态学报, 25(7): 2093-2098.

张文娟, 宋晓磊, 任玉鹏, 等, 2014. 山东及河南濮阳禾谷孢囊线虫分布调查与rDNA-ITS-RFLP分析[J]. 麦类作物学报, 34(12): 1713-1719.

邹宗峰, 田明英, 缪玉刚, 2012. 山东省烟台市小麦孢囊线虫的分布及发生特点[J]. 北京农业, (36): 63.

Dong L, Zhang K, 2006. Microbial control of plant-parasitic nematodes: a five-party interaction[J]. Plant and Soil, 288(1-2): 31-45.

He Q, Mo A S, Qiu Z Q, et al., 2016. Effect of rotation pattern on *Heterodera avenae* population in wheat field[J]. Journal of Animal and Plant Sciences, 26(1): 211-216.

Kerry B R, 1975. Fungi and the decrease of cereal cyst-nematode populations in cereal monoculture[J]. Eppo Bulletin, 5(4): 353-361.

Kerry B R, Simon A, Rovira A D, 1984. Observations on the introduction of *Verticillium chlamydosporium* and other parasitic fungi into soil for control of the cereal cyst-nematode *Heterodera avenue*[J]. Annals of Applied Biology, 105(3): 509-516.

Ma R, Liu X, Jian H, et al., 2005. Detection of *Hirsutella* spp. and *Pasteuria* sp. parasitizing second-stage juveniles of Heterodera glycines in soybean fields in China[J].Biological Control, 33(2): 223-229.

Ophel-Keller K, Mckay A, Herdina D H, et al., 2008. Development of a routine DNA-based testing service for soilborne diseases in Australia[J]. Australian Plant Pathology, 37(3): 243-253.

Shiomi K, Hatae K, Hatano H, et al., 2005. A new antibiotic, antimycin A9, produced by *Streptomyces* sp. K01-0031[J]. The Journal of Antibiotics, 58(1): 74-78.

Smiley R W, 2010. Cereal Cyst Nematodes Biology and Management in Pacific Northwest Wheat, Barley, and Oat Crops[M]. Corvallis: Oregon State University.

Zhang S, Gan Y, Xu B, 2014. Efficacy of *Trichoderma longibrachiatum* in the control of *Heterodera avenae*[J]. BioControl, 59(3): 319-331.

Zhu Y, Tian J, Shi F, et al., 2013. Rhizosphere bacterial communities associated with healthy and *Heterodera glycines* infected soybean roots[J]. European Journal of Soil Biology, 58: 32-37.

第十一章 孢囊线虫白色孢囊和褐色孢囊的生物学比较

孢囊线虫是危害大豆、小麦等作物的主要病原线虫之一,其生活史包括卵、二龄幼虫、三龄幼虫、四龄幼虫、成虫,成熟雌虫死亡后,表皮变厚,变硬,变为淡褐色至深褐色,形成孢囊,并以孢囊的形式存在于土壤中,保护其内部的卵度过不良环境,以及越冬或滞育。大豆孢囊线虫成熟的雌虫为白色,然后呈黄色(图 3-4),脱落到土壤中呈浅褐色和深褐色孢囊(图 3-2),其中浅褐色孢囊孵化出的幼虫多于深褐色、黄色和白色孢囊(Slack & Hamblen, 1961)。另有报道,在大豆生长季节,第一代大豆孢囊线虫形成孢囊时,取同期土壤中的白色孢囊、卵囊、褐色孢囊,均有二龄幼虫孵出,但卵囊和白色孢囊幼虫孵出量明显高于褐色孢囊,认为不同时期形成的卵有不同程度的休眠(Wu et al., 2006)。Hominick 等(1985)研究表明,苏格兰的马铃薯金线虫的孵化随季节变化,在正常环境下,线虫的卵一小部分表现滞育,而在逆境条件下,雌虫内的卵大部分表现滞育。有关寄生线虫的滞育过程中代谢活动的研究较少(Storey, 1984; Nicholas, 1984),不同线虫其代谢机制也存在差异。线虫卵的主要成分是碳水化合物、蛋白质和脂类,碳水化合物和脂类为线虫发育、繁殖和越冬提供能源(Nicholas, 1984),与线虫滞育的发生、维持、终止有密切关系。另外,滞育关键酶(海藻糖酶、酯酶等)活性大小也对线虫滞育调节有重要作用。孢囊线虫在其成熟后,在孢囊颜色的变化过程中伴随有物质代谢的差异,本章以大豆孢囊线虫和禾谷孢囊线虫的白色孢囊和褐色孢囊为例,分别从二者的孵化率及几种代谢物质(总糖、糖原、海藻糖、甘油、蛋白质、酯酶和海藻糖酶)进行说明。以期为今后深入研究孢囊线虫滞育机制奠定理论基础。

一、大豆孢囊线虫

（一）大豆孢囊线虫白色孢囊和褐色孢囊孵化率比较

室内（25℃）孵化筛法孵化，在孵化的前6d，白色孢囊和褐色孢囊的孵化率无明显差异，但第6d后，白色孢囊孵化率大于褐色孢囊，且有显著差异（$P<0.05$），白色孢囊孵化曲线可划分为三个阶段：①孵化缓慢期（0～6d），此阶段孵化率为每天0.13%；②孵化率快速增加期（6～12d），此阶段孵化率为每天1.71%；③孵化率减少期（12～18d），本阶段孵化率为每天0.52%；褐色孢囊孵化率变化平缓，平均孵化率为每天0.05%。孵化试验结束时，白色孢囊未孵化率为85.9%，褐色孢囊未孵化率为99.0%，说明褐色孢囊内卵有较大程度的滞育（图11-1）。

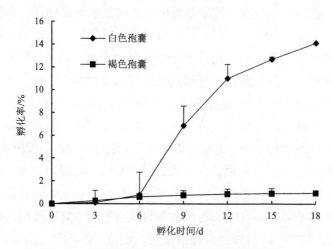

图11-1 大豆孢囊线虫白色孢囊与褐色孢囊孵化率

（二）总糖、糖原和海藻糖比较

褐色孢囊和白色孢囊总糖含量分别为单个孢囊1.06 μg和0.79 μg；褐色孢囊海藻糖含量（单个孢囊0.32 μg）比白色孢囊海藻糖含量（单个孢囊0.23 μg）高39.1%（$P<0.05$）；二者糖原含量没有显著差异（表11-1）。总糖主要成分是海藻糖、糖原、葡萄糖等，褐色孢囊总糖含量显著多于白色孢囊，但是褐色孢囊和白色孢囊内糖原含量没有显著差异。

表 11-1　大豆孢囊线虫褐色和白色孢囊卵内总糖、糖原、海藻糖含量

孢囊	总糖含量/μg	糖原含量/μg	海藻糖含量/μg
褐色孢囊	1.06±0.13Aa	0.34±0.03Aa	0.32±0.04Aa
白色孢囊	0.79±0.09Ab	0.41±0.06Aa	0.23±0.02Ab

注：平均数值后面的大写和小写字母分别代表差异极显著和差异显著，字母相同为没有显著性差异，下同

（三）甘油与蛋白质含量

已知线虫能够合成甘油、肌糖、核糖醇和山梨醇等多元醇，低温驯化的 *Panagrolaimus davidi* 经气相色谱分析，体内抗冻物质除了海藻糖外还有甘油（Wharton et al., 2000），但是，Wharton 认为甘油含量在线虫的抗寒性中不起重要作用（Wharton et al., 1984）。大豆孢囊线虫褐色孢囊和白色孢囊甘油含量分别为 1.7×10^{-3} μg 和 1.4×10^{-3} μg，二者没有显著差异（表 11-2）。可能是此时期土壤的温湿度及大豆生育期均为线虫生存的适宜条件，因此褐色孢囊和白色孢囊内卵的甘油含量均较低，说明甘油可能与大豆孢囊线虫较低的孵化率没有关系。

白色孢囊可溶性蛋白含量 0.55 μg，是褐色孢囊可溶性蛋白含量（0.31 μg）的 1.8 倍。二者的可溶性蛋白含量差异显著（$P<0.05$）（表 11-2）。

表 11-2　大豆孢囊线虫白色孢囊褐色孢囊卵内甘油和可溶性蛋白含量

孢囊	甘油含量（10^{-3} μg）	可溶性蛋白含量/μg
褐色孢囊	1.7±0.1 Aa	0.31±0.05 Ab
白色孢囊	1.4±0.2 Aa	0.55±0.10 Aa

（四）海藻糖酶和酯酶活性

酯酶是催化酯类化合物水解的酶系，不仅能水解具有一元醇的有机单酯，还可水解脂肪和甘油酯，其活性大小是脂类代谢的重要标志。大豆孢囊线虫褐色孢囊和白色孢囊酯酶活性没有显著差异，单个孢囊比活性分别为 12.9 U/μg 和 7.7 U/μg。然而，褐色孢囊海藻糖酶比活性显著高于白色孢囊海藻糖酶比活性（$P<0.05$）（表 11-3）。海藻糖酶是滞育的关键酶，其活性变化与家蚕卵的滞育有密切关系（陈田飞和乐波灵，2004）。

表 11-3 大豆孢囊线虫褐色孢囊和白色孢囊卵内酯酶和海藻糖酶比活性

孢囊	单个孢囊酯酶比活性/(U/μg)	单个孢囊海藻糖酶比活性/(U/mg)
褐色孢囊	12.9±0.2 Aa	3.0±0.3 Aa
白色孢囊	7.7±0.2 Aa	0.2±0.2 Bb

（五）大豆孢囊线虫的白色孢囊和褐色孢囊酯酶图谱比较

大豆孢囊线虫的白色孢囊和褐色孢囊的酯酶活性均较高，但其组成有较大的差异。图 11-2a 为大豆孢囊线虫白色孢囊和褐色孢囊酯酶同工酶电泳图谱，白色孢囊的酯酶有明显的 3 条谱带，为 EST0.07、EST0.42 和 EST0.99（Rf 值），其中 EST0.42 活性最高；褐色孢囊的酯酶有 6 条谱带，分别为 EST0.07、EST0.42、EST0.63、EST0.75、EST0.81 和 EST0.99。说明褐色孢囊的酯酶同工酶数量比白色孢囊的多。

（六）大豆孢囊线虫的白色孢囊和褐色孢囊蛋白质差异

大豆孢囊线虫白色孢囊的蛋白质谱带颜色均比褐色孢囊的深，二者蛋白质种类明显不同，蛋白谱带中 116.6 kDa、79.1 kDa、68.2 kDa、64.3 kDa 和 60.5 kDa 的条带为白色孢囊特有蛋白质，在褐色孢囊中不存在（图 11-2b）。

二、禾谷孢囊线虫

（一）温度对禾谷孢囊线虫白色雌虫孵化及雌虫褐化率的影响

禾谷孢囊线虫的白色雌虫在 4℃、15℃、20℃、25℃ 4 个恒温条件下孵化，均无线虫孵出，说明成熟白色雌虫内卵不孵化。但 4 个温度处理的白色雌虫，其表皮变褐色的速度不同，处理 42 d 时，15℃、20℃、25℃条件下雌虫褐化率显著高于 4℃低温处理（$P<0.05$）。其中 20℃和 25℃条件下，处理 24 d 时，褐化率分别为 85.6%和 95.0%。48 d 时，4℃处理的褐化率显著低于其他处理（$P<0.01$），仅有 55%的褐化率（图 11-3）（Jing et al., 2014）。

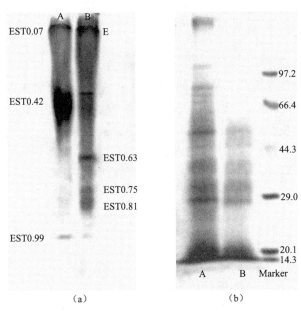

图 11-2 大豆孢囊线虫白色孢囊与褐色孢囊酯酶蛋白质电泳图谱
(a) 酯酶同工酶电泳图谱；(b) 蛋白质图谱
A：白色孢囊 B：褐色孢囊

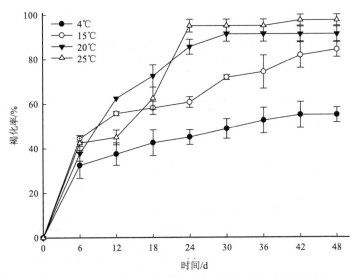

图 11-3 不同温度下禾谷孢囊线虫白色成熟雌虫的褐化率
图中误差为标准误差

(二) 禾谷孢囊线虫白色孢囊和褐色孢囊的总糖、糖原和海藻糖比较

单个白色孢囊糖原含量（1.80 μg）比单个褐色孢囊糖原含量（0.87 μg）高 106.9%（$P<0.01$）。然而，海藻糖积累需要动用体内储存的糖原，糖原和海藻糖呈相反趋势变化（图 11-4）（Mo et al.，2017）。

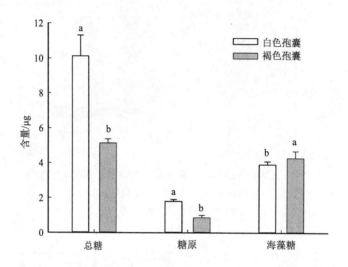

图 11-4　单个白色孢囊和褐色孢囊内总糖、糖原和海藻糖含量

图中误差线为标准误差

(三) 禾谷孢囊线虫白色孢囊和褐色孢囊的甘油和可溶性蛋白含量比较

甘油在生物体内的积累除作为能源物质储存外，还能提高生物的抗逆性。禾谷孢囊线虫单个褐色孢囊内甘油含量（0.028 6 μg）显著高于单个白色孢囊内的甘油含量（0.018 3 μg）（$P<0.05$）。结果显示，两种孢囊中的甘油含量均处于较低水平，并且在从白色到褐色过程中作为褐色孢囊内卵脱水的一种保护剂而合成。单个白色孢囊内可溶性蛋白含量为 3.18 μg，是单个褐色孢囊可溶性蛋白含量（2.94 μg）的 1.1 倍，而且差异显著（$P<0.05$）（图 11-5）。

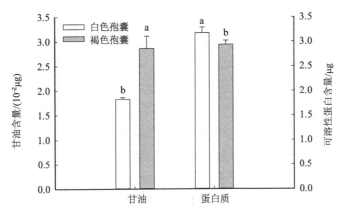

图 11-5 单个白色孢囊和褐色孢囊内甘油和可溶性蛋白含量

图中误差线为标准误差

(四) 禾谷孢囊线虫白色孢囊和褐色孢囊的酯酶和海藻糖酶活性比较

酯酶是催化酯类化合物水解的酶系,不仅能水解具有一元醇的有机单酯,还可水解脂肪和甘油酯,其活性大小是脂类代谢的重要标志。研究结果显示,白色孢囊酯酶比活性(30.6 U/mg)是褐色孢囊酯酶比活性(13.8 U/mg)的 1.2 倍。白色孢囊海藻糖酶比活性(0.436 U/mg)显著低于褐色孢囊海藻糖酶比活性(0.878 U/mg)($P<0.05$)(图 11-6)。

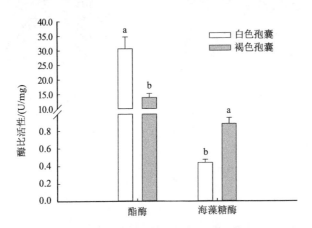

图 11-6 白色孢囊和褐色孢囊内酯酶和海藻糖酶活性比较

图中误差线为标准误差

（五）禾谷孢囊线虫白色孢囊和褐色孢囊的酯酶图谱及蛋白质电泳图谱比较

酯酶同工酶图谱显示，白色孢囊与褐色孢囊均只有一条酯酶谱带并且为共有谱带，为EST0.20，同时可以明显地看出白色孢囊的酯酶谱带颜色较深，含量较多（图11-7a）。白色孢囊和褐色孢囊的主要蛋白质组成见图11-7b，在大于44.3 kDa的大分子蛋白质中，白色孢囊的谱带颜色比褐色孢囊的深；在小于等于44.3 kDa的小分子蛋白质中，褐色孢囊的谱带明显比白色孢囊的深。分子质量为358.5 kDa，93.3 kDa，64.1 kDa，59.9 kDa和56.8 kDa的蛋白质，在白色孢囊中有而在褐色孢囊中没有（黑色箭头）；分子质量为21.2 kDa的蛋白质在白色孢囊中有而在褐色孢囊中没有（灰色箭头）。

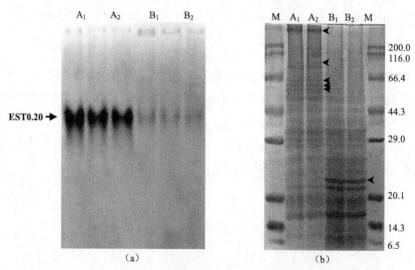

图11-7 禾谷孢囊线虫白色孢囊与褐色孢囊酯酶同工酶和蛋白质电泳图谱
(a) 酯酶同工酶图谱；(b) 蛋白质电泳图谱
A_1和A_2表示白色孢囊；B_1和B_2表示褐色孢囊

参 考 文 献

陈田飞，乐波灵，2004. 家蚕滞育机理研究概况[J]. 广西蚕业，41(3)：12-16.

Hominick W M, Forrest J M S, Evans A A F, 1985. Diapause in *Globodera rostochiensis* and variability in hatching trials[J]. Nematologica, 31(2): 159-170.

Jing B X, He Q, Wu H Y, et al., 2014. Seasonal and temperature effects on hatching of *Heterodera avenae* (Shandong population, China) [J]. Nematology, 16(10): 1209-1217.

Li X, Wu H, Shi L, et al., 2009. Comparative studies on some physiological and biochemical characters in white and brown cysts of *Heterodera glycines* Race 4[J]. Nematology, 11(3): 465-470.

Mo A S, Long Y R, Qiu Z Q, et al., 2017. Comparison of biochemical components within white and brown cysts in the cereal cyst nematode *Heterodera avenae*[J]. International Journal of Agriculture and Biology, 19(2): 335-340.

Nicholas W L, 1984. The Biology of Free 2 Living Nematodes[M]. Second Edition. Oxford: Oxford University Press.

Slack D A, Hamblen M L, 1961. The effect of various factors on larval emergence from cysts of *Heterodera glycines*[J]. Phytopathology, 51(6): 350-355.

Storey R M J, 1984. The relationship between neutral lip id reserves and infectivity for hatched and dormant juveniles of *Globodera* spp. [J]. Annals of Applied Biology, 104(3): 511-520.

Wharton D A, Judge K F, Worland M R, 2000. Cold acclimation and cryoprotectants in a freeze tolerant Antarctic nematode, *Panagrolaimus davidi*[J]. Journal of Comparative Physiology B, 170(4): 321-327.

Wharton D A, Young S R, Barrett J, 1984. Cold tolerance in nematodes[J]. Journal of Comparative Physiology B, 154(1): 73-77.

Wu H Y, Duan Y X, Li X X, 2006. Dormancy of the soybean cyst nematode *Heterodera glycines*[J]. Acta Zoological Sinica, 52(3): 498-503.

第十二章 关于孢囊线虫褐化和滞育的探讨

一、关于孢囊线虫褐化机制

孢囊线虫繁殖速度快，繁殖量大，并以孢囊的形式存在于土壤中，导致其产生的孢囊线虫病害防治困难。在我国，大豆孢囊线虫病主要发生在东北和黄淮海大豆主产区，一般使大豆减产 5%～10%，严重的减产 20%～30%，甚至绝产（刘维志，2004）。禾谷孢囊线虫病是威胁麦类，尤其是小麦生产的重要病害之一。禾谷孢囊线虫病在欧洲 40 个国家发生，严重影响小麦产量和质量（Nicol & Rivoal，2007；Yan & Smiley，2010），该病害在我国湖北首次发现后，相继在河南、北京等 11 个省（自治区、直辖市）发现，近两年发展迅速，危害小麦面积在 100 万 hm^2 以上（Liu et al.，2009），是我国小麦生产中的一个新问题。

孢囊线虫成熟雌虫死亡后，表皮变厚变硬，变为淡褐色至深褐色，即孢囊，内含许多卵，其体壁变褐鞣化形成坚硬的保护层，保护其内部的卵度过不良环境条件、越冬或休眠（Clarke，1968）。近年来，对孢囊线虫防治的研究主要集中在两个方面，一方面挖掘寄主的抗病基因，试图利用转基因手段进行防治（Liu et al.，2012）；另一方面，利用微生物资源的生物防治。事实上，线虫生活史中的任何一个发育阶段受阻都可以达到防治的目的，孢囊是病害发生的主要侵染源，抗逆能力强，从白色雌虫到褐色孢囊是变褐鞣化和抗逆增强的关键时期，然而，对其鞣化变褐的机制却无人问津。

酚氧化酶（phenoloxidase，PO）（EC 1.14.18.1），它包括单酚氧化酶和多酚氧化酶，是结构复杂的多亚基的含铜氧化还原酶。它一般以无活性的酶原（prophenoloxidase，proPO）形式存在，主要参与色素及其他多酚化合物的形成（Sugumaran，1998）。当外来物入侵时，proPO 被激活为 PO，在入侵的外来物周围沉积形成黑色素，通过包裹和黑化来限制入侵的外来物。当昆虫受伤时，损伤部位出现深色色素区，这是由于 PO 被蛋白酶水解激活，而激活的 PO 将酚氧化成醌，最终形成黑色素所致（Sugumaran，2002），PO 活性是反映昆虫免疫能力的重要指标。主要表现为：一是参与表皮的硬化黑化过程；二是对卵鞘的鞣化作用；三是参与防御反应及加速伤口的愈合。PO 是昆虫黑化反应的重要酶类。根据分解底物的不同，通常将昆虫酚氧化酶分为酪氨酸酶型酚氧化酶（简称酪氨酸酶，tyrosinase）和漆酶型酚氧化酶（简称漆酶，laccase）。这两种类型的酚氧化酶都是含多个铜离子的金属蛋白酶，结构和性质非常相似（Spira-Solomon & Solomon，1987）。酪氨酸酶具有双重催化功能，既可以催化单酚类物质（如酪氨酸）羟化，又可以催化多酚类物质氧化；漆酶不能氧化酪氨酸等单酚类物质，只能催化多酚类物质进行氧化，尤其对间位酚和对位酚类似物表现出较强的催化能力。酪氨酸酶和漆酶对昆虫黑化反应过程中的代谢物如多巴（DOPA）、多巴胺（DA）、儿茶酚（catechol）、N-β-丙氨酰多巴胺（NBAD）和 N-乙酰多巴胺（NADA）的催化活性有明显差异，其中漆酶对 NBAD 和 NADA 的催化活性明显高于酪氨酸酶（Kramer et al.，2001）。NBAD 和 NADA 是昆虫表皮主要鞣化剂——茶酚胺类化合物的前体，可与表皮蛋白进行交联，使表皮硬化（王荫长，2001）。

漆酶广泛分布于植物、昆虫、某些细菌、白腐菌中，并已进行了深入细致的研究（Thakur & Gupt，2015）。大多数真菌中，漆酶由多个基因编码，不同真菌其生理生化特性、调控机制等不同，即使是同一菌株不同时期漆酶的表达水平也不相同（Saparrat et al.，2010）。它参与昆虫和其他无脊椎动物鞣化过程中外骨骼或表皮、卵囊、卵壳和蚕茧的硬化和色素沉着。目前，已得到白腐菌 *Coriolopsis rigida* 中分别编码漆酶同工酶的 *Lcc1*、*lcc2*、*lcc3* 和 *lccK* 基因克隆（Saparrat et al.，2010）。一些担子菌类和子囊菌类真菌中漆酶的结构和功能已经研究清楚（Thurston，1994）。近年来，因为昆虫漆酶在其表皮形成、硬化及色素沉淀中的重要作用而引起新的关注。昆虫漆酶是一种分泌蛋白，在昆虫表皮形成过程中，漆酶蛋白相互交联形成网状结构，角质等镶嵌于这种网状结构中，经过鞣化、硬化、黑化等过程，最终形成新的表皮。漆酶蛋白的交联主要包括三个过程：儿茶酚胺氧化、氧化物低聚和多聚（Suderman et al.，2006）。在线虫方面，1998 年，华盛顿大学基因组测序中心秀丽小杆线虫测序小组发现线虫含有漆酶基因（The *C. elegans* Sequencing Consortium，1998）。目前尚未见对其研究的报道。

关于无脊椎动物表皮的鞣化在昆虫上研究的较多，已有研究证明酪氨酸酶在昆虫黑化、伤口愈合及免疫中起着重要作用(Marmaras et al., 1996)。在昆虫蜕皮变态中,漆酶一直被认为与表皮的硬化有关。已经在烟草天蛾(*Manduca sexta*)、冈比亚按伊蚊(*Anopheles gambiae*)和赤拟谷盗(*Tribolium castaneum*)中克隆了 2 个漆酶基因 *Laccase1* 和 *Laccase2*(Dittmer et al., 2004)。2005 年 Arakane 等在《美国科学院院报》(*Proceedings of the National Academy of Sciences of the United States of America*,PNAS)上发表,利用 RNAi 分析表明 *Laccase* 基因在一些昆虫表皮的鞣化过程中起重要作用,证明了该基因能调控表皮形成、鞣化和黑化(Arakane et al., 2005;Futahashi et al., 2011)。由于孢囊线虫的孢囊在土壤中可以保护内部卵存活多年,线虫学家对孢囊壁组成成分的研究曾经较关注,卵孵化的刺激物和有毒化学物质必须穿透孢囊壁、卵壳,以及幼虫的表皮才能起到相应的作用。因此,孢囊线虫的研究主要集中在孵化动力学(Slack & Hamblen, 1961)和孢囊壁成分(Clarke et al., 1967;Clarke, 1968)。已证明马铃薯孢囊线虫(*Heterodera rostochiensis*)的卵壳中含有酚类化合物(Clarke et al., 1967),白色雌虫的表皮含有多酚氧化酶、多酚类化合物,以及不可水解的儿茶酚,并认为 *H. rostochiensis* 的白色雌虫表皮蛋白的鞣化与酚类化合物相关(Clarke, 1968)。马铃薯金线虫(*Globodera rostochiensis*)含有丰富可溶的酚氧化酶,酶与底物均位于雌虫的表皮(Awan & Hominick, 1982)。但酚氧化酶如何参与孢囊类植物线虫的发育、孢囊褐化,均有待进一步深入研究。

二、孢囊线虫滞育相关的研究进展

由于线虫的繁殖量大,小麦收获后孢囊内的卵表现出滞育,使其抗逆能力(抗药性)增强并在土壤中长期存活,给小麦生产造成极大的经济损失。因此,了解禾谷孢囊线虫滞育行为的机制十分重要。

(一)关于线虫滞育或休眠的基本概况

在长期进化过程中,线虫产生了对环境条件变化的适应性,以休眠状态度过不良环境。对线虫度过不良环境条件的状态,文献资料中的描述有称"休眠(dormancy)",有称"滞育(diapause)",也有称"静息(quiescence)"(Oka & Mizukubo, 2009;Sahin et al., 2010)。滞育是被内部因素诱导的,静息是不利环境因素诱导的(Hubbard et al., 2005)。昆虫的休眠分为冬眠和夏蛰，这两类休眠都可以表现为静息或滞育，静息是休眠的最简单形式，是与滞育有本质差异的一种休眠类型，是一种没有明显诱导期和终止期的暂时性不活动状态，当环境条件改善后，可进入正常的生长发育状态；滞育是最复杂的休眠类型，昆虫事先感受到不利环境变化的某种信号，通过包括体内一系列生理、生化变化的编码过程，随后诱导发育停滞，滞育一旦发生，通常都会持续一段时间，并不因不利环境条件的结束而解除，是由激素控制。关于燕麦孢囊线虫群体（*Heterodera avenae*）的休眠，文献中有"休眠"和"滞育"两种说法，但有关休眠或滞育的调控机制，尚未见相关的研究报道。

（二）孢囊线虫孵化和滞育的研究现状

卵的孵化率通常被认为是评价线虫是否休眠或滞育的宏观指标，温度是影响线虫滞育的主要因子。线虫的休眠受外界因素诱导产生，同时又是通过环境条件来打破，在一年中某一特定时间开始，又在某一时间结束，其最重要的环境因子是温度。

早期研究表明禾谷孢囊线虫的休眠均与温度相关（Banyer & Fisher，1971）。禾谷孢囊线虫的孵化对温度的要求很严格，禾谷孢囊线虫在澳大利亚夏天休眠，在北欧则冬天休眠（Sharma，1998）。不同地区禾谷孢囊线虫的孵化存在明显的差异，地中海气候条件下，幼虫在秋季至早春期间侵染，有时受气候条件的影响，当年气温低且有雪时，二龄幼虫在翌年春天土壤温度升高时大量孵出（Nicol & Rivoal，2007）；孵化的最佳温度为 10~15℃（Willliams & Beane，1979），但法国 Fr1 群体和西班牙的群体孵化最适温度为 5℃（Valdeolivas et al.，1991）。已经证实法国南部的禾谷孢囊线虫 1 号生理小种属于专性滞育，温度升高至 10℃以上时，卵的发育完成而未来得及孵化时，会再次进入滞育；4 号生理小种属于兼性滞育，只有一部分卵受影响；处于低温下的卵内幼虫，当将其置于 20℃和 25℃ 3~7 d 即可进入滞育。另外，北部海洋气候生态型，4 号生理小种在任何时候都可以侵染寄主。我国湖北天门群体在旬平均温度为 9~12℃时孵出幼虫总数多，较适宜的孵化温度为（15±1）℃，河南、河北、北京市房山区及山西太谷群体，孢囊需经 5~7℃低温处理 30 d 以上才能孵出，低温处理后转入稍高温度（15~25℃）可使二龄幼虫短期内大量孵出（郑经武等，1997）。土耳其安卡拉的 *Heterodera filipjevi* 群体在较低温度（5℃，10℃和 15℃）孵出的二龄幼虫显著高于较高的温度（20℃和25℃），似乎不存在滞育现象（Sahin et al., 2010）。作者团队在研究山东 H. avenae 群体时发现，夏季病田里的孢囊置于适宜的温度条件下不孵出二龄幼虫，而冬季冻层土壤中的孢囊，在15℃条件下均有二龄幼虫孵出，且孵化持续时间随气温下降而缩短。禾谷孢囊线虫的休眠比较复杂，不同生态型群体可能表现出不同的滞育特点（Sommerville & Davey, 2002）。

不同的植物寄生线虫，它们的休眠或滞育特点存在较大的差异。纳西根结线虫的休眠受外界因素诱导产生，同时又是通过环境条件来打破，在一年中某一特定时间开始，又在某一时间结束，其最重要的环境因子是温度，在寄主生长季节末期产卵，第二年春季，温度上升到10℃以上，寄主植物生长的时候再孵化，一年只繁殖一代；一些研究表明禾谷孢囊线虫和马铃薯孢囊线虫的休眠均与温度相关（Banyer & Fisher, 1971）。滞育或休眠是孢囊线虫的一个特性，不同种间有较大差别，禾谷孢囊线虫较冷的时期也能侵染寄主，一年内繁殖一代，在春季随着气温的升高而进入滞育，度过干热气候，直到秋冬季节气温变冷经历一段低温，才会自我解除滞育，进入下一个生活史，且适宜其孵化的温度明显较低（15℃），但关于温度诱导和解除其滞育调控机制还不清楚。

甜菜孢囊线虫和马铃薯孢囊线虫均有几种类型的休眠（Hominick et al., 1985; Hominick, 1986; Zheng & Ferris, 1991），禾谷孢囊线虫的休眠比较复杂，不同生态型群体可能表现出不同的滞育特点（Sommerville & Davey, 2002）。因此，不能用单一外部因子来解释，综合前人的研究结果及近期研究发现，禾谷孢囊线虫的休眠存在几个问题：①不同生态型禾谷孢囊线虫群体的滞育可能不同；②在小麦收获期，孢囊线虫完成一个生活史，即使处于适宜孵化条件，孢囊内卵均不孵化；③经4℃低温处理一段时间后，置于适宜条件，开始孵化，但孵化周期较长；④越夏后的禾谷孢囊线虫群体经秋冬季低温后孵化并侵染小麦。因此，认为禾谷孢囊线虫群体是由温度诱导的且由基因调控的滞育。温度对线虫滞育的影响，一方面表现在卵的孵化率，另一方面可通过研究线虫卵内的代谢物质来反映线虫对温度的响应机制。

（三）昆虫、家蚕及其他线虫滞育的代谢生理及分子机制研究现状

关于植物线虫滞育机制的研究很少，因此可以借鉴昆虫、家蚕和其他线

虫（自由生活线虫和动物寄生线虫）的相关研究报道。碳水化合物和脂类为巴特斯细颈线虫（*Nematodirus battus*）发育、繁殖及越冬提供能源。海藻糖作为一种抗冻剂，在一些线虫和滞育的昆虫体内发现，它是一种由两分子葡萄糖单体通过半缩醛羟基结合而成，结构稳定，具有稳定细胞膜和蛋白质结构的功能，可以赋予生物体抵抗干旱、干燥、寒冷等恶劣环境的能力（Honda et al., 2010）。例如，*Nematodirus battus* 的休眠卵中脂类含量在5℃下8周内由干重的30%下降到15%，而碳水化合物、糖原和海藻糖的总量则增加（Ash & Atkinson, 1983）；模式线虫秀丽隐杆线虫（*Caenorhabditis elegans*）滞育的相关代谢物质的变化及调控方面的研究较清楚（McElwee et al., 2006; Artal-Sanz et al., 2009）。在昆虫上，大斑芫菁滞育幼虫体内海藻糖、糖原等的代谢与非滞育个体有较大差异（朱芬等，2008）；家蚕卵中糖原和山梨醇的代谢变化是决定滞育是否解除的关键（范兰芬等，2007）；家蚕滞育激素影响卵的碳水化合物代谢，且与脂类、蛋白质代谢有一定关系（陈田飞和乐波灵，2004）；已发现与昆虫滞育相关的滞育关联蛋白和与滞育相关的酶，如脂酶A、海藻糖酶及山梨醇脱氢酶等（徐世清等，2000），并克隆了滞育生物钟蛋白质酯酶A4的 *ea4* 基因（王玉军等，2007）；在研究家蚕滞育激素的基因表达时，发现线虫的染色体上可能存在滞育基因（徐卫华等，1995）；Northern杂交分析表明 *CYP4G25* 基因在天蚕滞育前后有明显的信号（Yang et al., 2008）。秀丽隐杆线虫的滞育与 *daf* 基因家族 *daf-2* 基因相关，并通过其碳水化合物代谢表达（McElwee et al., 2006）。甾酮源激素可控制秀丽隐杆线虫进入滞育（Matyash et al., 2004）。迄今为止，关于植物寄生线虫滞育的研究均在孵化水平上，虽然没有明确的证据说明线虫的滞育是由激素调控，但前人的研究均表明线虫的滞育是线虫的一种生存策略。Li 等（2009）对孢囊线虫的孵化、休眠等生物学和生理学方面进行了大量研究，发现大豆孢囊线虫白色孢囊（非滞育卵）和褐色孢囊（滞育卵）内糖原、蛋白质含量，酯酶和海藻糖酶活性及蛋白质和酯酶电泳图谱表现出明显差异，说明线虫的滞育与基因表达产物相关，并通过代谢物质含量的变化作为信号来响应。

　　滞育和发育延迟是昆虫和一些线虫中常见的现象。已有研究表明线虫可在极端环境下生存（McSorley, 2003），并具有耐寒、耐高温、耐渗透和离子胁迫的能力（Wharton, 2004）。线虫滞育是一个暂时的发育中断，当特定的条件满足时可恢复发育，否则即使有适宜的条件也不能继续发育。*H.*

avenae 在冬小麦生长季节只完成 1 代生活史，并且新形成的孢囊没有二龄幼虫孵出，直到孢囊内卵经过低温后解除滞育。滞育的关键策略是通过能量转换，线虫降低自身的代谢速度，但仍需要保持一个足够的水平以维持生命活动（Barrett，2011）。

（四）低温条件下禾谷孢囊线虫解除滞育过程中孢囊内生物化学物质的变化

1. 总糖、糖原及海藻糖的含量变化

试验期间不同处理的孢囊中总糖、糖原及海藻糖的含量变化趋势不同（图 12-1），平均每个孢囊总糖的含量在三个处理间没有显著差异（$P>0.05$）。在滞育孢囊（0 周）中糖原含量明显高于 5 周、10 周处理的孢囊中糖原含量（$P<0.05$），分别为单个孢囊 1.7 μg（0 周）、1.2 μg（5 周）和 0.8 μg（10 周），糖原的含量随孢囊在 4℃低温处理时间的增长而降低，表明在此过程中糖原转化为其他物质。4℃处理 10 周的孢囊海藻糖含量明显低于 0 周和 5 周处理的孢囊（$P<0.05$）。

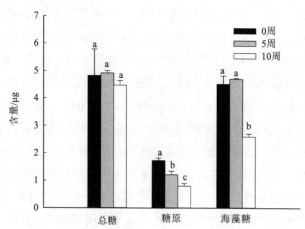

图 12-1　4℃低温处理下禾谷孢囊线虫孢囊内总糖、糖原和海藻糖的含量

孢囊采自冬小麦收获时根围土壤，0 周指分离的孢囊直接置于-80℃；5 周和 10 周分别指将孢囊置于 4℃下 5 周和 10 周

2. 甘油和可溶性蛋白含量变化

随着低温处理时间的增长孢囊内甘油含量下降，可溶性蛋白含量增加

(图 12-2)。4℃条件下,0 周、5 周和 10 周处理后平均单个孢囊甘油含量依次为 0.039 7 μg、0.030 3 μg 和 0.027 4 μg,0 周孢囊甘油的含量显著高于 5 周和 10 周孢囊的甘油含量($P<0.05$),5 周和 10 周孢囊的甘油含量无显著差异,说明滞育期(0 周)孢囊内甘油含量高,可为滞育期提供能量。在 4℃处理过程(解除滞育的过程)孢囊内蛋白质含量有显著差异($P<0.05$),0 周、5 周和 10 周处理平均单个孢囊内可溶性蛋白含量分别为 2.2 μg、2.3 μg 和 2.4 μg,5 周和 10 周处理的孢囊内可溶性蛋白含量没有显著差异。

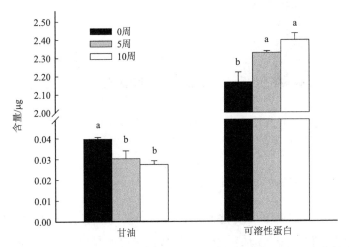

图 12-2 4℃低温禾谷孢囊线虫解除滞育过程中单个孢囊内甘油和可溶性蛋白的含量

孢囊采自冬小麦收获时根围土壤,0 周指分离的孢囊直接置于-80℃;5 周和 10 周分别指将孢囊置于 4℃下 5 周和 10 周

3. 酯酶和海藻糖酶活性变化

禾谷孢囊线虫在解除滞育的过程中酯酶和海藻糖酶活性均为升高的趋势(图 12-3),0 周、5 周和 10 周处理的孢囊酯酶的比活性分别为 14.8 U/mg、16.5 U/mg 和 19.0 U/mg,各处理间差异显著($P<0.05$)。0 周、5 周和 10 周处理的孢囊海藻糖酶的比活性分别为 0.074 U/mg、0.728 U/mg 和 0.819 U/mg,滞育孢囊(0 周)海藻糖酶的比活性显著低于 5 周和 10 周孢囊海藻糖酶比活性($P<0.05$)。

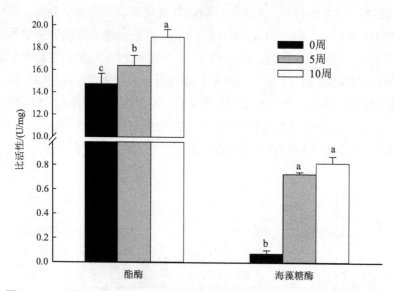

图 12-3　4℃低温禾谷孢囊线虫解除滞育过程中孢囊酯酶海和藻糖酶的比活性

孢囊采自冬小麦收获时根围土壤，0 周指分离的孢囊直接置于-80℃；
5 周和 10 周分别指将孢囊置于 4℃下 5 周和 10 周

4. 酯酶同工酶和蛋白质电泳图谱分析

在 3 个处理中孢囊蛋白质谱带没有明显的差别（图 12-4a）。0 周和 10 周处理的孢囊中蛋白质分子质量为 21.8 kDa 的谱带明显比 5 周处理的孢囊颜色深（图 12-4a，白色箭头）。0 周、5 周和 10 周处理的孢囊蛋白质比例分别为 8.9%、3.9% 和 6.4%。分子质量在 15.5 kDa 左右的蛋白质（图 12-4a，黑色箭头）在 10 周处理的孢囊中没有，而在 0 周和 5 周处理的孢囊中有。

禾谷孢囊线虫在 4℃低温解除滞育过程中酯酶同工酶电泳图谱如图 12-4b 所示。3 个处理的孢囊酯酶同工酶数量不同，经 10 周处理的孢囊有 4 条谱带，分别为 EST0.21、EST0.24、EST0.30、EST0.34（Rf 值）（图 12-4b）。EST0.24 为 3 个处理的共同谱带。

滞育孢囊（0 周处理）有 2 条谱带分别是 EST0.24 和 EST0.30，而没有 EST0.21 和 EST0.34 两条谱带，5 周处理的孢囊有 EST0.21 和 EST0.24，而没有 EST0.30 和 EST0.34 谱带。

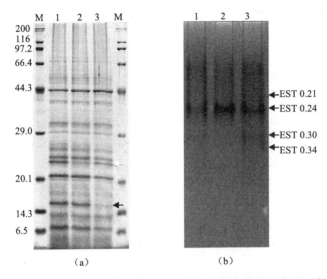

图 12-4 在 4℃ 低温禾谷孢囊线虫解除滞育过程中蛋白质和酯酶同工酶电泳图谱
(a) 蛋白质电泳图谱；(b) 酯酶同工酶电泳图谱

孢囊采自冬小麦收获时根围土壤，0 周指分离的孢囊直接置于-80℃；5 周和 10 周分别指将孢囊置于 4℃ 下 5 周和 10 周。泳道 1：0 周；泳道 2：5 周；泳道 3：10 周；M 为标准分子质量。(a) 图中白色箭头为 21.8 kDa 蛋白带；黑色箭头为 15.5 kDa 蛋白带

参 考 文 献

陈田飞，乐波灵，2004. 家蚕滞育机理研究概况[J]. 广西蚕业，41(3)：12-16.

范兰芬，林健荣，王叶元，等，2007. 家蚕滞育人工解除及其机理研究进展[J]. 广东农业科学，34(1)：66-68.

刘维志，2004. 植物线虫志[M]. 北京：中国农业出版社.

王荫长，2001. 昆虫生物化学[M]. 北京：中国农业出版社：129-133.

王玉军，徐世清，司马杨虎，等，2007. 家蚕滞育生物钟蛋白质 EA4 基因的 cDNA 克隆和序列分析[J]. 蚕业科学，33(1)：36-42.

徐世清，戴璇颖，韩益飞，等，2000. 家蚕滞育生物钟蛋白质酯酶 A4 研究进展[J]. 蚕学通讯，20(4)：9-15.

徐卫华，佐藤行洋，山下奥亚，1995. 家蚕滞育激素基因的克隆[J]. 遗传学报，22(3)：178-184.

郑经武，程珊瑞，方中达，1997. 燕麦胞囊线虫（*Heterodera avenae* Woll.）孵化特性研究[J]. 浙江大学学报（农业与生命科学版），23(6)：667-671.

朱芬，李红，王永，等，2008. 大斑芫菁滞育幼虫在滞育不同阶段体内糖类和醇类含量的变化[J]. 昆虫学报，51(1)：9-13.

Arakane Y, Muthukrishnan S, Beeman R W, et al., 2005. Laccase2 is the phenoloxidase gene required for beetle cuticle tanning[J]. Proceedings of the National Academy of Sciences of the United States of America, 102(32): 11337-11342.

Artal-Sanz M, Tavernarakis N, 2009. Prohibitin couples diapause signalling to mitochondrial metabolism during ageing in *C. elegans*[J]. Nature, 461(7265): 793-797.

Ash C P J, Atkinson H J, 1983. Evidence for a temperature-dependent conversion of lipid reserves carbohydrate in quiescent eggs of the nematode, *Nematodirus battus*[J]. Comparative Biochemistry and Physiology Part B: Comparative Biochemistry, 76(3): 603-610.

Awan F A, Hominick W M, 1982. Observations on tanning of the potato cyst-nematode, *Globodera rostochiensis*[J]. Parasitology, 85(1): 61-71.

Banyer R J, Fisher J M, 1971. Seasonal variation in hatching of eggs of *Heterodera avenae*[J]. Nematologica, 17(2): 225-236.

Barrett J, 2011. Biochemistry of surviva[M]//Perry R N, Wharton D A. Molecular and Physiological Basis of Nematode Survival. Wallingford: CAB International.

Clarke A J, 1968. The chemical composition of the cyst wall of the potato cyst-nematode, *Heterodera rostochiensis*[J]. Biochemical Journal, 108(2): 221-224.

Clarke A J, Cox P M, Shepherd A M, 1967. The chemical composition of the egg shells of the potato cyst-nematode, *Heterodera rostochiensis* Woll[J]. Biochemical Journal, 104(3): 1056-1060.

Dittmer N T, Suderman R J, Jiang H, et al., 2004. Characterization of cDNAs encoding putative laccase-like multicopper oxidases and developmental expression in the *tobacco hornworm*, *Manduca sexta*, and the *malaria mosquito*, *Anopheles gambiae*[J]. Insect Biochemistry Molecular Biology, 34(1): 29-41.

Futahashi R, Tanaka K, Matsuura Y, et al., 2011. Laccase2 is required for cuticular pigmentation in stinkbugs[J]. Insect Biochemistry and Molecular Biology, 41(3): 191-196.

Hominick W M, 1986. Photoperiod and diapause in the potato cyst-nematode, *Globodera Rostochiensis*[J]. Nematologica, 32(4): 408-418.

Hominick, W M, Forrest J M S, Evans A A F, 1985. Diapause in *Globodera rostochiensis* and variability in hatching trials[J]. Nematologica, 31(2): 159-170.

Honda Y, Tanaka M, Honda S, 2010. Trehalose extends longevity in the nematode *Caenorhabditis elegans*[J]. Aging Cell, 9(4): 558-569.

Hubbard J E, Flores-Lara Y, Schmitt M, et al., 2005. Increased penetration of host roots by nematodes after recovery from quiescence induced by root cap exudates[J]. Nematology, 7(3): 321-331.

Kramer K J, Kanost M R, Hopkins T L, et al., 2001. Oxidative conjugation of catechols with proteins in insect skeletal systems[J]. Tetrahedron, 57(2): 85-392.

Li X X, Wu H Y, Shi L B, et al., 2009. Comparative studies on some physiological and biochemical characters in white and brown cysts of *Heterodera glycines* race 4[J]. Nematology, 11(3): 465-471.

Liu J, Wu H Y, Zhang G M, et al., 2009. Observations and morphometrics of cereal cyst nematode from Binzhou, Shandong, China [C]// Cereal Cyst Nematodes: Status, Research and Outlook. Proceedings of the First Workshop of the International Cereal Cyst Nematode Initiative, Antalya, Turkey, 21-23 October. 2009: 124-129.

Liu S, Kandoth P K, Warren S D, et al., 2012. A soybean cyst nematode resistance gene points to a new mechanism of plant resistance to pathogens[J]. Nature, 492(7428): 256-260.

Marmaras V J, Charalambidis N D, Zervas C G, 1996. Immune response in insects: the role of phenoloxidase in defense reactions in relation to melanization and sclerotization[J]. Archives of Insect Biochemistry and Physiology, 31(2): 119-133.

Matyash V, Entchev E V, Mende F, et al., 2004. Sterol-derived hormone(s) controls entry into diapause in *Caenorhabditis elegans* by consecutive activation of DAF-12 and DAF-16[J]. PLoS Biology, 2(10): e280.

McElwee J J, Schuster E, Blanc E, et al., 2006. Erratum to "Diapause-associated metabolic traits reiterated in long-lived daf-2 mutants in the nematode *Caenorhabditis elegans*"[Mech. Ageing Dev. 127 (5)(2006) 458–472][J]. Mechanisms of Ageing and Development, 127(12): 922-936.

McSorley R, 2003. Adaptations of nematodes to environmental extremes[J]. Florida Entomologist, 86(2), 138-142.

Nicol J M, Rivoal R, 2007. Global knowledge and its application for the integrated control and management of nematodes on wheat[M]//Ciancio A, Mukerji K G. Integrated Management and Biocontrol of Vegetable and Grain Crops Nematodes. Berlin: Springer Netherlands: 251-294.

Oka Y, Mizukubo T, 2009. Tomato culture filtrate stimulates hatching and activity of Meloidogyne incognita juveniles[J]. Nematology, 11(1): 51-61.

Sahin E, Nicol J M, Elekcioglu I H, et al., 2010. Hatching of *Heterodera filipjevi* in controlled and natural temperature conditions in Turkey[J]. Nematology, 12(2): 193-200.

Saparrat M, Balatti P A, Martínez M J, et al., 2010. Differential regulation of laccase gene expression in *Coriolopsis rigida* LPSC No. 232[J]. Fungal Biology, 114(11-12): 999-1006.

Sharma S B, 1998. The cyst nematodes[M]. The Netherlands: Kluwer Academic Publishers.

Slack D A, Hamblen M L, 1961. The effect of various factors on larval emergence from cysts of *Heterodera glycines*[J]. Phytopathology, 51(6): 350-355.

Sommerville R I, Davey K G, 2002. Diapause in parasitic nematodes: a review[J]. Canadian Journal of Zoology, 80(11): 1817-1840.

Spira-Solomon D J, Solomon E I, 1987. Chemical and spectroscopic studies of the coupled binuclear copper site in type 2 depleted Rhus laccase. Comparison to the hemocyanins and tyrosinase[J]. Journal of the American Chemical Society, 109(21): 6421-6432.

Suderman R J, Dittmer N T, Kanost M R, et al., 2006. Model reactions for insect cuticle sclerotization: cross-linking of recombinant cuticular proteins upon their laccase-catalyzed oxidative conjugation with catechols[J]. Insect Biochemistry and Molecular Biology, 36(4): 353-365.

Sugumaran M, 1998. Unified mechanism for sclerotization of insect cuticle[J]. Advance in Insect physiology, 27(8): 229-334.

Sugumaran M, 2002. Comparative biochemistry of eumelanogenesis and the protective roles of phenoloxidase and melanin in insects[J]. Pigment Cell and Melanoma Research, 15(1): 2-9.

Thakur S, Gupt A, 2015. Optimization and hyper production of laccase from novel agaricomycete *Pseudolagarobasidium acaciicola* AGST3 and its application in in vitro decolorization of dyes[J]. Annals of Microbiology, 65(1): 185-196.

The *C. elegans* Sequencing Consortium, 1998. Genome sequence of the nematode *C. elegans*: a platform for investigating biology[J]. Science, 282(5396): 2012-2018.

Thurston C F, 1994. The structure and function of fungal laccases[J]. Microbiology, 14(1): 19-26.

Valdeolivas A, Romero M D, Muñiz M, 1991. Effect of temperature on juvenile emergence of Spanish populations of *Heterodera avenae*[J]. Nematologia Mediterranea, 19(1): 37-40.

Wharton D A, 2004. Survival strategies[M]//Gaugler R, Bilgrami A L. Nematode Behaviour. Wallingford: CABI Publishing.

Willliams T D, Beane J, 1979. Temperature and root exudates on the cereal cyst-nematode *Heterodera avenae*[J]. Nematologica, 25(4): 397-405.

Yan G, Smiley R W, 2010. Distinguishing *Heterodera filipjevi* and *H. avenae* using polymerase chain reaction-restriction fragment length polymorphism and cyst morphology[J]. Phytopathology, 100(3): 216-224.

Yang P, Tanaka H, Kuwano E, et al., 2008. A novel cytochrome P450 gene (*CYP4G25*) of the silkmoth *Antheraea yamamai*: cloning and expression pattern in pharate first instar larvae in relation to diapause[J]. Journal of Insect Physiology, 54(3): 636-643.

Zheng L, Ferris H, 1991. Four types of dormancy exhibited by eggs of *Heterodera schachtii* [J]. Revue de Nématologie, 14(3): 429-426.

彩 图

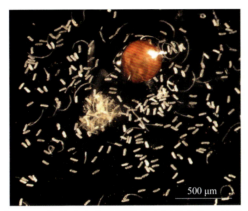

图 1-11 孢囊及破碎后释放出内部的卵和二龄幼虫

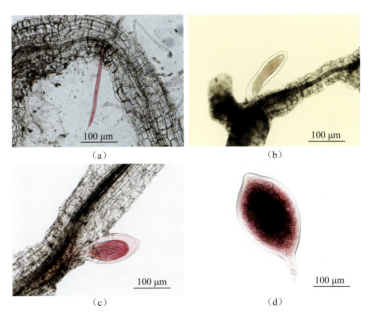

图 1-14 受害小麦根染色后不同龄期的燕麦孢囊线虫
(a) 二龄幼虫；(b) 三龄幼虫后期；(c) 四龄幼虫；(d) 成熟雌虫

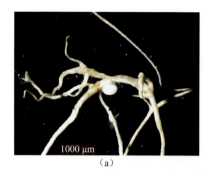
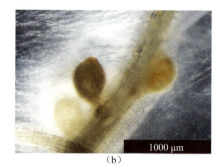

图 1-15 小麦根系上的白色雌虫和褐色孢囊

(a) 白色雌虫；(b) 褐色孢囊

图 1-16 脱落到土壤中的白色雌虫和褐色孢囊

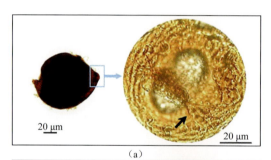

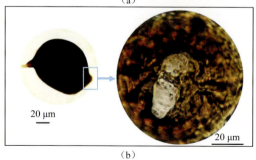

图 2-7 显微镜下观察到的 *Heterodera* spp.孢囊阴门锥

(a) *H. filipjevi*：浅褐色的孢囊，阴门锥有呈现马蹄形半膜孔和显著的阴门下桥（黑色箭头）；
(b) *H. avenae*：深褐色的孢囊，阴门锥呈现椭圆形半膜孔，无阴门下桥（Yan & Smiley, 2010）

图 3-3　大豆孢囊线虫为害后的症状
图片来自 J. Faghihi

（a）　　　　　　　　　　（b）
图 3-4　大豆根系上的雌虫（后附彩图）
（a）白色雌虫；（b）黄色雌虫

图 5-1　禾谷孢囊线虫 *H. avenae* 群体危害冬小麦后出现的矮化症状
2009 年河南省许昌小麦田

图 5-2 小麦根系上的白色孢囊及脱落到土壤中的新鲜褐色孢囊

(a) 白色孢囊；(b) 褐色孢囊

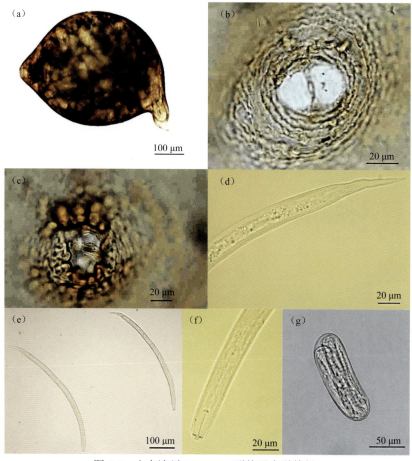

图 5-3 山东滨州 *H. avenae* 群体形态学特征

(a) 孢囊；(b～c) 阴门膜孔和阴门裂；(d～e) 二龄幼虫的尾部和前体部；
(f) 二龄幼虫；(g) 卵

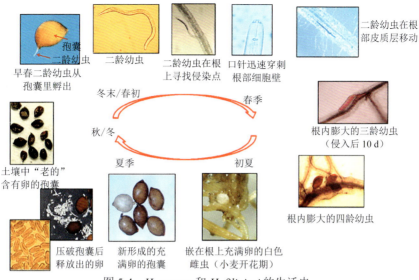

图 5-4 *H. avenae* 和 *H. filipjevi* 的生活史
引自俄勒冈州立大学 Richard Smiley 博士（Smiley，2016）

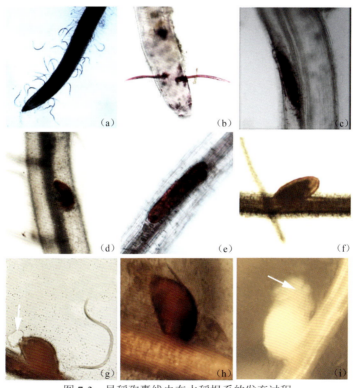

图 7-3 旱稻孢囊线虫在水稻根系的发育过程
（a）二龄幼虫聚集在根尖分生区或伸长区；（b）二龄幼虫侵入根内；（c）三龄幼虫；
（d）四龄幼虫；（e）根内的雄虫；（f）白色雌虫；（g）产生胶质团的雌虫和雄虫
（箭头示胶质团）（h）褐色孢囊；（i）胶质卵囊（箭头所示）内有卵的白色孢囊
引自丁中等（2012）

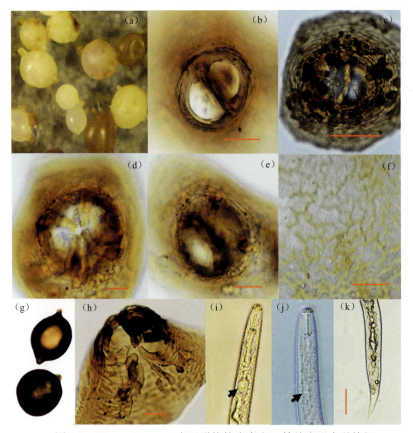

图 8-3 *Heterodera zeae* 广西群体的孢囊和二龄幼虫形态学特征

(a) 从感病玉米根上洗脱的新形成孢囊（白色和褐色）；(b) 孢囊阴门区，包括双半膜孔、阴门裂和阴门桥；(c) 阴门区有许多泡囊；(d) 阴门区4个指状突起；(e) 阴门下桥；(f) 孢囊壁表皮之形花纹；(g) 放大的孢囊形态；(h) 阴门锥侧面观；(i~j) 二龄幼虫前部，包括口针、口针基球，以及中食道球（箭头所指）；(k) 尾部形态及透明区

比例尺为：(b) 25 μm，(c) 50 μm，(d) 25 μm，(e) 25 μm，(f) 25 μm，(g) 100 μm，(h) 25 μm，(i) 50 μm，(j) 25 μm，(k) 25 μm

图 9-2 甜菜被甜菜孢囊线虫为害症状

资料来源：http://nematode.unl.edu/extpubs/wyosbn.htm

图 9-3　甜菜根上的白色孢囊

资料来源：http://www.ipmimages.org/browse/subthumb.cfm?sub=13001

图 9-4　甜菜（左）和白菜（右）上的白色雌虫

图片由加利福尼亚大学河滨分校 Ole J. Becker 教授提供

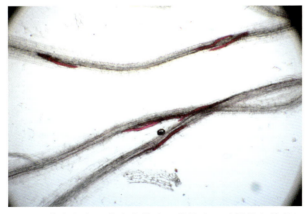

图 9-5　萝卜根内甜菜孢囊线虫二龄幼虫（酸性品红染色）